从稀疏到浓密

经过5000人检验的
头发自救指南

〔日〕 辻敦哉 著

李钰婧 译

天津出版传媒集团

天津科学技术出版社

著作权合同登记号：图字02-2024-108号

KAMI GA FUERUJUTSU
by Atsuya Tsuji
Copyright © 2021 Atsuya Tsuji
Simplified Chinese translation copyright © 2024 by Beijing Fonghong Books Co., Ltd.
All rights reserved.
Original Japanese language edition published by Diamond, Inc.
Simplified Chinese translation rights arranged with Diamond, Inc.
through BARDON CHINESE CREATIVE AGENCY LIMITED.

图书在版编目（CIP）数据

从稀疏到浓密：经过5000人检验的头发自救指南 /
（日）辻敦哉著；李钰婧译. —— 天津：天津科学技术出
版社, 2024. 9. —— ISBN 978-7-5742-2375-2

Ⅰ. TS974.22-62

中国国家版本馆CIP数据核字第2024YL3974号

从稀疏到浓密：经过5000人检验的头发自救指南
CONG XISHU DAO NONGMI: JINGGUO 5000 REN JIANYAN DE TOUFA ZIJIU ZHINAN

责任编辑：杨　譞
责任印制：刘　彤

出　　版：天津出版传媒集团
　　　　　天津科学技术出版社
地　　址：天津市西康路35号
邮　　编：300051
电　　话：（022）23332490
网　　址：www.tjkjcbs.com.cn
发　　行：新华书店经销
印　　刷：三河市金元印装有限公司

开本 787x1092　1/32　印张 6.75　字数 124 000
2024年9月第1版第1次印刷
定价：52.00元

前　言 >>

▶ **头发的状态甚至能改变你的人生！**

一位 40 多岁的男性曾说："即使带孩子去游泳，我自己也会十分注意不把头潜到水里，在保护头发这件事上，简直可以说到了固执的地步。"在发质得到改善后，他又迫不及待地来跟我报告："我这次在泳池里痛快地玩儿了一整天！"

还有一位女性曾经哭着来跟我道谢："多亏有辻先生的指导，我现在又可以烫发了。"这位女性之前听说烫发会导致头发变细，心想："我的头发本来就少，经不起这么折腾。可能我这辈子和烫发无缘吧！"于是她便放弃了自己特别喜欢的大波浪发型。

此外，还有一个 20 多岁的女生对我说："一看到掉下来的头发，心里就会特别绝望。"朋友邀请她一起去温泉旅行，她也会找理由回绝，整个人都好像有些孤僻了。

但是后来在发质得到改善后，她又兴高采烈地跑来跟我说："我和朋友一起去国外的海滩度假啦！"

如果有头发上的困扰，人往往会失去尝试做自己想做的事情的勇气。而如果对头发有了自信，心中就有了前行的力量。

这并非是夸大其词，头发的状态确实能够"改变人生"。

▶ 因发量稀少而苦恼的高中时代

如今，我经营着"辻式脱发研究所"，主要工作是与水疗护发师一起研究斑秃的成因和解决方案。我计划将 PULA 水疗护发专业门店在全国范围内进行推广。

到目前为止，我已经帮助 5000 多人改善了发量稀少和脱发的问题，成功率达到 95% 以上，其中有不少人已经成功解决了脱发问题。

有一些曾在医院治疗脱发却失败的患者，辻式脱发研究所在对他们开展水疗护发的同时，还使用"免疫生发法"进行了治疗，力求从身体内部进行调理，从而使头发恢复健康。

别看我现在在这里给大家介绍正确的生发知识，其实我本人也曾有很长一段时间因为脱发而烦恼。

我最初因为脱发而烦恼的时候还只是个高中生。那时我才 17 岁，正是开始知道打扮的时候，于是有一回我理发时，尝试了一款时髦的短发发型。

可是，当美发师给我打上发蜡让头发"站起来"时，我却发现头顶清晰地露出了头皮。

"啊？！这头发也太少了吧！"当时这样想的并不只是我一个人，身边的朋友们也注意到了，于是他们打趣道："你这也太秃了吧！"

后来回想，应该是因为我的头发又细又软（就是所谓的"猫毛"），所以一旦用发蜡做造型，就会让头皮暴露得很明显。

但是当时，我并没有意识到"显秃"是因为自己的发质与周围人不同，只是一味地苦恼自己"发量稀少"。

从那之后，我就十分在意自己的头发状态，每天早上都要仔仔细细地整理一番，以保证无论从哪个角度看都不会看到头皮。走在街上时，我也会十分关注别人的头发状态。

对身边的朋友，我也曾经装作开玩笑似的用手指去量人家的脑门有多大，回家后再跟自己发际线的位置进行比较，这样的事发生了不止一两次。

这种"发量稀少"带来的不安一直持续到了我20多岁，直到我掌握了正确的护发、生发知识。

▶ 无论多大年纪，发量都有可能增加！

从十几岁到二十几岁，虽然我一直四处购买那些声称"对头发有益"的洗发水和护发素试着使用，但是发质完全没有改善的迹象。

有些产品其实并不适合我，它们含有刺激性强烈的酒精成分。但是我那时相信它们会起作用，所以即便感觉头皮刺痛，也继续坚持使用。

而当我了解了正确的生发、护发知识之后，我终于能从每天的不安中解脱出来了。

在这里我想告诉大家的是：无论是谁，无论到了多大年纪，都是有生发、增发的可能性的。

就在前几天，一位70岁的女性非常开心地给我打电话说："我必须要跟你汇报一下，有朋友说我的发量增加了！我都70岁了，竟然还能长出这么多的新头发！"

无论是谁，都有可能再次回到"发量巅峰"。

发量巅峰因人而异，有的人是在高中时期，有的人是在20多岁的时候。

但无论是谁，都有可能从头发的烦恼中解脱出来，走向全新的人生。

如今，社会上充斥着自称"对头发有益"的产品和信息。

有很多人无法辨别哪些是真的有用，于是就会跟以前的我一样盲目尝试，结果发质反而更差了。

生发是有诀窍的。

人人都可以轻松掌握这些诀窍，而且无须花费大量时间和金钱。

在这本书中，我将为大家介绍水疗护发，以及在经营辻式脱发研究所的过程中我最新掌握的"生发诀窍"。

期待这本书能够帮助更多人消除关于头发的烦恼，成为他们"改变人生"的契机。

目 录 >>

第1章 让头发充满活力的十个要点

第 2 章　**让头发更健康的洗发方法和头皮按摩法**

第 **3** 章　让头发充满活力的饮食

第 4 章　让头发更加有活力的"诀窍"

头发问题
得到改善的
示例

头发问题得到改善的示例

示例一 50多岁的男性

之前

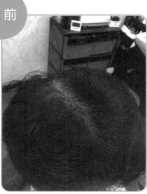

发缝很明显

头旋附近的发量非常少

出油比较多，头发都粘在一起

之后

头发蓬松，不再露出头皮

头发不再油腻，变得清爽起来

何时、怎样发现自己头发稀疏

40岁之后的某一天，他在照镜子时突然发现自己的发缝和头顶的头发与以往大不相同，非常吃惊。

采取的主要措施·看到效果的时间

- 把清洁能力很强的洗发水换成含有氨基酸的洗发水
- 进行头皮按摩
- 不喝茶和咖啡，改喝白水
- 不再使用含有酒精的强效生发剂，转而使用生发乳液
  （见第168页）
- 3个月之后，发缝变得不再明显，发量也有了明显增加
- 头皮不再黏黏糊糊

头发恢复健康后生活发生的改变

- "以前为了避免别人看到我头顶稀疏的头发，在电车上即使有空位也不会去坐。但现在我能够放心大胆地坐下来了。"

头发问题得到改善的示例

示例二　50多岁的女性

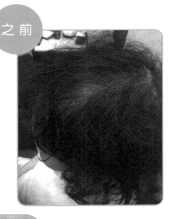

之前

发量整体较少

头皮暴露严重

受到慢性肩颈酸痛的困扰

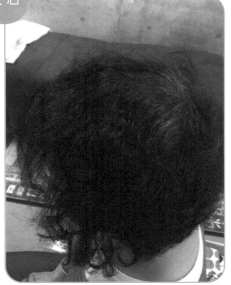

之后

恢复到了30多岁时的发量

与同龄的女性相比，不再有自卑感

何 时 、 怎 样 发 现 自 己 头 发 稀 疏

　　她的头发本来就很细，从二十六七岁开始，发缝变得越来越明显，渐渐地，整个头皮都能看到了。虽然她也尝试使用了女性生发乳液进行护理，但根本没有效果。

采 取 的 主 要 措 施 · 看 到 效 果 的 时 间

- 把普通淋浴喷头换成有除氯功能的喷头
- 使用自制的生发乳液（见第168页）
- 每周使用一次头皮预洗油和两次洗发粉（见第20、93页）
- 服用含有多种矿物质的营养补充剂
- 因为体质偏寒、体温低，因此她很注意饮食，经常通过走路进行锻炼
- 10个月之后，头发整体上变得健康了，发量也明显增加

头 发 恢 复 健 康 后 生 活 发 生 的 改 变

- 在众人面前变得有自信了

头发问题得到改善的示例

示例三　40多岁的男性

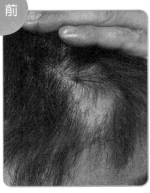

之前

太阳穴上方有直径2厘米的斑秃

斑秃周围的发量也很少

心情容易烦躁，容易感到疲惫

之后

斑秃处的头发已经恢复到原来的样子

烦躁的心情得以平复，慢性疲劳也消失了

何时、怎样发现自己头发稀疏

有一段时间，工作跳槽和孩子考试两件事赶到了一起，他就发现自己出现了斑秃。

在网上搜索之后，他找到了号称"3个月左右就能让斑秃自然痊愈"的护发信息，于是尝试照此护发，但头发的状态并未恢复。

采取的主要措施·看到效果的时间

- 把普通淋浴喷头换成有除氯功能的喷头
- 把清洁能力很强的洗发水换成含有氨基酸的洗发水
- 因为工作忙，经常会吃便利店的快餐，同时，为了缓解压力，晚上的小酌也无法避免。于是他选择服用有抗氧化作用的氢和矿物质补充剂
- 经过三个半月左右就基本恢复到了原来的状态

头发恢复健康后生活发生的改变

- "为了遮挡斑秃，我之前一直戴帽子。现在不用戴了。"
- "之前我总是给周围人一种'很疲惫、很辛苦'的感觉，现在他们觉得我'有活力'了。"

头发问题得到改善的示例

示例四 十几岁的女性（全头脱发）

之前

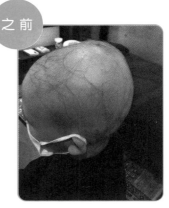

不知道什么原因，头发都掉光了

连眉毛都掉光了

身体并无患病的迹象，健康状况也没有变化

之后

8个月后，头上已经长满了头发，其中掺杂着一些白发

12个月后，白发也都变成了黑发

何时、怎样发现自己头发稀疏

小学六年级的秋天，她开始一点点地出现了脱发。尽管使用了从医院开的药膏，但情况还是在恶化。有人建议注射类固醇，但由于担心副作用，她并没有采纳这个建议。

采取的主要措施·看到效果的时间

- 之前基本不怎么喝水，现在养成了多喝水的习惯
- 进行头皮按摩
- 服用能够帮助排出有害物质、提高矿物质吸收能力的富里酸营养剂
- 虽然体力很好，内脏器官也没有出现不适，但因为是在月经初潮之后出现的脱发问题，于是使用了调整激素平衡的汉方药油

头发恢复健康后生活发生的改变

- 因为头发有了肉眼可见的变化，对头发的护理更加上心了
- 以前就算在家里也会戴假发，现在不需要再戴了
- 开始考虑做什么样的发型，可以跟周围人一样，变得时尚起来了

头 发 问 题 得 到 改 善 的 示 例

示例五　70多岁的女性（抗癌药引起的脱发）

之前

因为抗癌治疗，头发掉了9成以上

全身浮肿乏力，免疫力下降，很容易感冒

皮肤粗糙，看起来很苍老

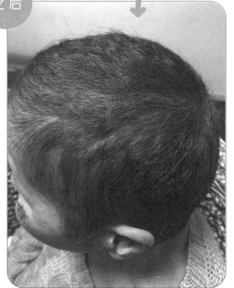

之后

头发浓密，像20多岁时一样

身体不再浮肿，状态恢复

何时、怎样发现自己头发稀疏

70岁时，停止服用抗癌药物之后，她的头发一直没有再长出来。虽然去看了医生，但是没有得到医生的重视，她心里很受打击。

采取的主要措施·看到效果的时间

- 把清洁能力很强的洗发水换成含有氨基酸的洗发水
- 改变饮食习惯，多食用能够使体温上升的食物
- 养成了多喝水的习惯
- 服用抗氧化作用较强的氢补充剂
- 两个月之后，长出了比之前更粗壮的头发

头发恢复健康后生活发生的改变

- 生平第一次剪短发，受到周围人的好评，开始享受发型带来的时尚
- 不再觉得与人见面是一件痛苦的事情

让你的
"三千烦恼丝"
不再烦恼

不要因为家族遗传就放弃保养头发！

在开始讨论"生发"之前，我想先说一下有关头发的常见误区。

关于头发，一个最大的误区是：有很多人都认为"发量稀少"和"白头发"是遗传引起的。的确，这两者都比较容易受到遗传基因的影响。但在大多数情况下，发质损伤都不是遗传造成的，而是个人的生活习惯不好、日常护理不到位等原因造成的。

我外公当年就是"地中海"发型，头顶光溜溜的，仅剩的几根头发也都是白的。从那时起就一直有人跟我说："如果你外公头发少，那按照隔代遗传，你很有可能会秃顶啊！"所以我也总会担心地想："难道我以后也会秃顶……"

上了高中后，有一次别人跟我说："都能看到你头顶的头皮了！"原本我只是隐隐地感到有些不安，从那之后就真正开始苦恼起来。当时的信息可不像现在这样发达，即使我鼓起勇气给一些大型生发沙龙打电话咨询，对方也给不出明确具体的应对措施，于是我更加担心了。即便到了20多岁，成了一名美发师，我心里对于"以后会秃顶"的担忧与恐惧，也一直无法消除。

后来有一天，因为工作关系，我参加了一次"生发研讨会"。要参加这个研讨会，我必须牺牲掉休息时间，而且还没有报酬。尽管如此，我还是积极地坚持参加了，因为我迫切地想了解有关生发的知识。后来，我便掌握了正确的生发知识。现在我已经42岁了，并没有像外公那样秃顶。

所以，即使你遗传了容易造成"发量稀少"和"白头发"的基因，但只要结合体质情况进行恰当的护理，就能有效避免出现这些情况。打个比方，有的人因为遗传，胃功能天生就比较弱，但只要他吃东西时多多咀嚼，并且少吃刺激性强的食物，大概率也能保持健康。头发也是一个道理。

通过这本书，我想肯定地告诉大家：说到底，遗传只是可能造成发量稀少和白头发的原因之一，结果并不是绝对的。

脱发正是你长出粗发的机会！

有的人在洗完头后会数一数堆积在排水口的头发，看看自己又掉了多少根。

我非常理解这种对头发深感担忧的心情。但我想对那些希望生发的人说：不要太过在意脱发这件事情。

日本人平均每人有 10 万根头发。正常情况下，每人每天会掉 50~100 根头发。

因此，如果每次一掉头发，就叹一口气说："唉，又掉头发了……"然后开始担心以后的头发问题，那么人的心理压力就会越来越大。

而心理压力是生发的大敌。压力过大会造成自主神经紊乱，或者肌肉僵硬，甚至引起体内血管收缩。这样一来，布满细小血管的头皮上的血液循环就会受阻，育发所需的营养物质随即会变得供应不足。

每一根头发都会经历生长、掉落、再生长的过程，循环往复。健康状态下的头发是按照"休止期"（3~5 个月）、"成长期"（2~6 年）、"衰退期"（大约 2 周）的规律生长的。

在这里我想告诉大家，头发进入"休止期"乃至脱落，其实都是毛囊在为下一次生长做准备。

其实，无论采用什么"对头发有益"的方法，想让你现在的头发一下子变粗都是很困难的。

但是，按照本书介绍的方法对头皮和身体进行护理，可以使处于"休止期"的毛囊受益，从而使你今后长出的头发更为牢固。

此外，正确的保养方法能够使头发的生长周期恢复正常，同时延长头发的"成长期"。

简单来说，只要你今后的头发长得比之前粗，就算成功了。

"现在的头发比以前更加健康了！"有很多以前看见脱发就焦急不安的人，通过持续不断的护理，最后都像这样带来了好消息。

所以，请把脱发看作生长出更加粗壮的头发的契机，然后去好好地护理吧！

产生白发的三个原因

除了发量稀少和脱发，人还未老却长出白头发，也是很多人烦恼的头发问题之一。现代科学尚未能明确其原因，所以目前并没有彻底的解决方法。

但是我认为，即便令白发完全变为黑发是很困难的，但还是可以做到让视觉效果大为改观。同时，不让新长出来的头发变白，也是完全可以做到的。

从我直接接触过的有关白头发的大量案例来看，长白头发的原因主要有以下三个。

第一个是头皮的血液循环不好。

长白头发的部位一般都是血液循环不畅，或者头皮温度较低的地方。比如鬓角有较多白头发的人，即使本人并未意识到，但他在日常生活中应该是常常感到紧张，于是经常咬紧牙关。因此，他两鬓周围的肌肉会比较僵硬，血液循环不够顺畅，导致这个部位的头皮温度下降，从而长出白头发。

第二个是矿物质摄入不足。

有很多人在 20 多岁或较为年轻的时候就出现了很明显的白头发，这大多是由营养不均衡、矿物质摄入不足造成的。而"硅"这种矿物质对美容和健康大有裨益，所以最近备受热议，已经有越来越多的人认识到硅的重要性了。

第三个是"肾虚"。

在东方医学中，与人体生长、发育、生殖等相关的肾脏、泌尿器官、生殖器等都被称为"肾"。肾作为生命之源，如果功能出现衰退，就被称为"肾虚"。满头白发或者白头发数量很多的人，往往都被认为是"肾虚"。

在本书中，我们将从多个角度探讨这三个原因，从而帮助您改善脱发和长白头发的情况，并从根本上使头发更加强壮。

『不过度洗头』可以促使发丝变粗

来向我咨询头发烦恼的人，几乎全都认为"仔细清洗头皮"是促进生发的一个要点。

毫无疑问，为了打造更好的头皮环境，"去污"是一件很重要的事情。但是，"去污"并不等同于"仔细清洗头皮"。特别是很多男性认为"毛孔堵塞会导致脱发"，所以经常使用清洁能力很强的洗发水拼命洗头。

其实，皮脂和汗水可以起到保护头皮免受干燥和细菌伤害的作用。适度的皮脂膜可以调节皮肤上定植菌的菌群平衡，使头皮保持弱酸性的健康状态。

可是，如果用清洁力很强的洗发水过度洗头，头皮的皮脂膜就会被全部清洗掉，头皮的屏障功能也会下降。如果为了让头皮一直"保持清洁"而过度洗头，头皮可能会变得粗糙甚至出现炎症。而且过度清除油脂，会打破定植菌的菌群平衡，更容易产生头皮屑和异味。更糟的是，这样一来，头皮就会分泌过多的油脂去弥补失去的那些，从而陷入"越洗越油"的恶性循环。

关于洗发水的选择和正确的洗头方法，本书会在之后的内容中进行详细说明。

在这里想先告诉大家的是，真正需要我们仔细清除的污垢，是那些在分泌后存留时间越长越难以清除的"过氧化脂质"。

这种过氧化脂质才是造成毛孔堵塞和脱发的罪魁祸首。为了消除这些堆积的过氧化脂质，本书将为大家介绍在家里就能安全进行的清洁方法，也就是使用"头皮预洗油"（见第20页）。

为了生发而每天洗头，只能清除掉当天产生的污垢和皮脂。定期使用"头皮预洗油"去除过氧化脂质才是更重要的。

头发可以通过「体内调养」来促进生长

很多人使用生发剂等外部手段来试图"打开头发生长的开关"，他们认为这样就可以马上长出头发。但是我曾经遇到过一个案例，那个来咨询的患者用尽了所有外部手段，但头发仍旧毫无起色。他不甘心地尝试了很多方法，在反复试错的过程中确信了"头发是由身体内部制造出来的"这件事情。

在东方医学中，头发被称为"血余"。正如它的字面所表达的，头发就是"多余的血液"。我们的身体会优先为"生存"所必需的器官组织提供营养，而将头发、指甲等这些对"生存"没有直接影响的部分放在后面。

另外，如果血液的状况不好，那么头发在生长时所需的营养就会不足。也就是说，头发反映了血液及身体的健康状态。反之同样，如果健康状况不好，头发也很难长得浓密。而当人们意识到头发状态不好时，往往会先尝试使用生发剂。生发剂确实具有生发的效果，但如果身体细胞中没有足够的能量来响应外部刺激的话，生发效果便会减半。而产生这种能量，靠的就是"体内调养"。

明确这一点后，我就研究了相关的知识和技术，以便更好地进行体内调养，从而以更加宽广的角度来解决各种头发问题带来的烦恼。

因此，本书中除了介绍洗发水的选择方法和头皮的按摩方法等基本内容之外，还会介绍一些日常饮食与生活习惯的调整方法。请一定从自己力所能及的事情开始，调整自己的身体，为头发生长打下良好的基础。

第 **1** 章

让头发
充满活力的
十个要点

养发的三个要素

接下来，我就来介绍一下究竟怎样做才能培育出健康粗壮的头发吧！想让头发更加健康，需要做到以下三件事：

① 清除会妨碍生发的因素。

② 将生发的地基——头皮的状态调整好。

③ 从身体内部为头皮生发输送营养。

我常常把这三个要素比喻为装在杯子里的泥水。

一杯泥水，无论加入多少清水，也很难达到清澈透明的状态。如果想得到一杯透明的水，最重要的是把泥水倒出来，把杯子洗干净。这样一来，倒入杯中的清水才能保持澄澈洁净的状态。

头皮也是一个道理。我们往往会在无意识中，在头皮上堆积了很多不好的污垢，或者把头皮暴露在不利于头发生长的环境中。这时我们需要做的，就是去除影响头发生长的因素，把头皮环境调整到适合头发生长的状态，然后通过为头皮输送营养，使生发效果最大化。

在第 1 章中，基于之前帮助很多人改善头发状态的经验，我从这三个方面总结了一些亲测有效的生发方法。下面我会介绍十个要点。

这十个要点都很简单，也花不了多少钱。

那么我们就从这里开始本书的内容吧！

要点一

把普通淋浴喷头
换成具有
"除氯"功能的喷头

▶ 要避免接触对头皮和头发不好的物质，打造适宜头发生长的环境

▶ 自来水中的氯是强力"毒药"

▶ 氯会把有益的细菌也一起清除掉

潜藏在日常生活中出乎意料的「头发大敌」

看了下面的内容，想必大部分人都会惊讶："竟然会这样？"因为我们通常不会注意到这个"对头皮和头发不好的物质"——自来水中含有的氯。

日本自来水的消毒标准很严格，所以自来水中氯的浓度很高。因此，我们每天洗头发时都会淋到大量的杀菌剂——氯。

氯能杀菌，但同时也把保护头皮、帮助皮肤和头发生长的定植菌一起清除掉了。这样一来，定植菌的菌群平衡就会被打破，头皮的生发条件就会变差。

另外，氯也是一种强力的"毒药"，会分解蛋白质并破坏细胞。

蛋白质是头发和生发细胞的构成成分之一。如果持续淋到大量的氯，头发的状态和头皮环境就会变得糟糕，头发的活力就会衰退。而且，如果每次洗头时都会吸收对头皮和头发不好的"毒药"，那么即使用生发剂等给予外部刺激，生发效果也不会理想。

所以，我们首先要尽量清除对头皮和头发有害的物质，也就是把普通淋浴喷头换成有除氯功能的喷头。

不过，市面上销售的除氯喷头有时并不能与家里的淋浴设备适配。遇到这种情况，也可以使用能够溶解于水中的除氯产品，只需将其扔进浴缸中即可，然后就用浴缸里的水洗头吧！

生 发 剂

如果生发剂中含有氯，对头发有益的成分便可能无法被头皮吸收

氯

要点二

用"头皮预洗油"
清除堵塞毛孔
的污垢

▶ 用"头皮预洗油"彻底清除生发大敌——过氧化脂质

▶ 最初的1个月里每周使用1次，头皮环境有所改善后每月使用2~3次

▶ 使用天然植物油，而不是婴儿油、卸妆油

▶ 每次使用的油量不少于20毫升

洗发水也无法彻底清除的"过氧化脂质"

　　"过氧化脂质"会堵塞毛孔，导致发丝变细，是与氯并列的另一个生发大敌。

　　皮脂对于头皮非常重要，它能够保持头皮的滋润状态，维持头皮的弱酸性。但是随着时间的推移，皮脂会逐渐氧化为"过氧化脂质"。之后，过氧化脂质会与汗水、灰尘、残留的洗发水和护发素等混为一体，堆积在头皮和毛孔周围。

　　无论用洗发水洗得多么仔细，也无法彻底清除这些过氧化脂质。想要彻底清除，就需要使用"头皮预洗油"。

　　为了集中清除氧化污垢，"头皮预洗油"的使用频率在最开始时为每周 1 次，连续使用 1 个月。

　　之后改为每月使用 2~3 次，以维持头皮环境处于良好状态。

"头皮预洗油"的具体使用步骤，请参考第 23 页中列出的三个步骤。

"头皮预洗油"在使用时有两个要点，一定要遵守。

要点 1　要使用 100% 天然的植物油，如荷荷巴油、杏仁油、芝麻油、鳄梨油和橄榄油等（矿物质油不易使污垢脱离其附着的皮肤）。这里列举的各种油并不是食用油，而是化妆品油。

要点 2　为了能够全方位覆盖头皮，每次的用量要不少于 20 毫升（用量太少则无法与污垢充分融合）。抹上油后，要用热毛巾包住头部，这样更有利于将污垢从头皮上剥离出来。

若平时使用含有化学香料的洗发水，那么香料的香味会让你不容易觉察到头皮的气味。而当你能感觉到头皮散发着油油的味道时，就说明头皮上的过氧化脂质已经太多了。

这时，头皮已经变得十分油腻了，正是需要开始使用"头皮预洗油"的时候。

使用"头皮预洗油"的三个步骤

① 将头发打湿

这是为了减少按摩头皮时产生的摩擦

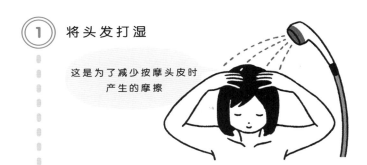

② 用毛巾轻轻擦拭一下头发，然后从头顶中央开始，向周围放射状抹油

不少于20毫升

③ 进行头皮按摩（见第88页），然后静待15分钟

最后，只需要像平时一样用洗发水进行清洗即可

迷 你 专 栏

为什么说『头皮预洗油』比专用的头皮清洁剂要好？

我认为，"对头皮温和有效的清洁"应当使用 100% 天然的植物油。

近些年，"头皮护理"备受关注，头皮清洁剂也十分热销。

然而，尽管市场上售卖的"头皮清洁剂"经常标榜自己是 100% 的纯植物油，但其实含有大量的表面活性剂。

也就是说，很多市场上售卖的头皮清洁剂，即使有清除过氧化脂质的效果，却也会杀死对头皮健康非常重要的定植菌，并且会清洗掉过多的皮脂，反而会产生反效果。

本来是想通过清洁来维持头皮健康的，结果却适得其反，那就太得不偿失了。

在使用便捷性、冲洗后的触感等方面，100% 天然的植物油或许比不上一般的清洁产品，但是，若想安全地清除"健康生发的大敌"——过氧化脂质，就需要使用 100% 天然的植物油。

要点三

选择使用
质地温和的
洗发水

▶ 洗发水要根据总共占整体70％的水和"清洁剂"的成分来选择

▶ 尽量不要选择带有颜色、质地浑浊的洗发水

▶ 避免选择含有"月桂烷硫酸""月桂醇聚醚硫酸""月桂基硫酸钠"成分的产品

▶ 推荐选择含有"羧酸""椰子脂肪酸""牛磺酸""甜菜碱"成分的产品

如
何
选
择
对
头
发
好
的
洗
发
水
？

　　想要选择有利于生发、护发的洗发水，最重要的是看其中的"清洁成分"。

　　因为在洗发水的成分中，水和"清洁剂"约占其总量的70%。

　　即使剩下的30%中含有少量的"××精华"等对毛发生长有效的成分，但如果其中的清洁成分本身会对头发和头皮造成损伤，自然也就无法期待洗发水的生发效果了。

　　表面活性剂作为清洁成分，大致可分为"高级醇""皂基""氨基酸"三种。其中，"高级醇"一般被称为合成表面活性剂，清洁能力很强，会将污垢连同头皮上的定植菌和皮脂一起清洁掉。标有月桂烷硫酸、月桂醇聚醚硫酸、月桂基硫酸钠成分的产品中就含有高级醇系的表面活性剂。

　　另外，不要选择那些肉眼可见浑浊的洗发水，它们不仅使用了合成表面活性剂，还为了使头发和肌肤更加润泽而添加了很多油分。

　　而含有椰子脂肪酸、牛磺酸、甜菜碱成分的洗发水属于由天然植物制成的氨基酸系洗发水。另外，使用天然材料制成的羧酸类产品对头皮的刺激也很小，它们虽然被归为高级醇系产品，却是高级醇系中的特例。

　　我们可以将洗发水"质地是否透明"作为一个大致的选择标准。

　　那些含有强烈刺激性表面活性剂的洗发水，在生产过程中会为了防止脱脂而添加油分。于是此类产品便会呈现质地浑浊、不透明的状态，同时也会带有颜色（虽然丝瓜提取物等也有利于生发，但也会使产品浑浊）。

　　而质地透明的产品具有适度的清洁力，能够保持头发和肌肤健康，有利于生发。但是有一类产品，即使质地透明，却也有着极强的清洁能力，这就是烯烃磺酸类产品，所以在选择时要注意避开这类产品。

　　不过，如果产品中的烯烃磺酸并非主要成分，而是仅仅作为调整成分来使用的，那便没有问题。选择时可以看看成分表，只要该类成分没有排在主要位置，就不必太过在意。

洗 发 水 成 分 的 占 比

即使这个位置写着"××精华"等对头发有益的成分，但作为产品基础的另外70%更加重要！

大约70%是

水 和 "清洁"

成分！

选择洗发水时要看这个位置的成分！

推 荐 成 分

- 羧酸
- 椰子脂肪酸
- 牛磺酸
- 甜菜碱

要留心成分表中
排在最前面的5~6种

迷 你 专 栏

并非所有的表面活性剂都是『不好的』

　　在网上和杂志上，经常能看到有人说"表面活性剂对所有人来说都是'不好的'"。我并不认同这样的观点。

　　所谓的"表面活性剂"，原本就是能使水和油混合到一起的物质。若说它究竟"不好"在哪，那就是它会使本来不能混合在一起的物质表面发生变性并生成化合物，如果这种化合物长时间停留在皮肤上，可能会改变皮脂膜的属性，给皮肤和身体带来负担。

　　据说合成的表面活性剂有成百上千种，其中有不少具有强效脱脂能力和强效清洁能力。

　　特别需要注意回避的成分是前文介绍的月桂烷硫酸、月桂醇聚醚硫酸、月桂基硫酸钠。

　　综上所述，在选择洗发水时，要留心其成分及可能产生的负面作用，然后尽可能选择安全的产品，这样可对生发产生更加积极的作用。

有意识地
补充
微量矿物质

▶ 微量矿物质不足是脱发和发量稀少的一大原因

▶ 加工食品食用过多是矿物质不足的原因之一

▶ 矿物质也可以通过营养补充剂来补充

现代人普遍缺乏的『矿物质』

要想使头发健康茁壮，补充头发所需的营养是必不可少的。其中很多人很容易忽视，且体内往往不足的，就是矿物质。

矿物质是为了让内脏更好地实现功能运转、体内各种反应顺畅进行而不可或缺的营养素。人体要想保持健康，必不可少的矿物质有钙、钾、镁、锌等 16 种。其中，钙、钠等"常量矿物质"每天需要 100 毫克以上，而锌、铁等"微量矿物质"每天的需求量在100 毫克以下。

近年来，补充常量矿物质的重要性自不必说，而在生发和抗衰老等方面，微量矿物质的补充也被认为是必不可少的。在肉、鱼等动物性蛋白质食品，海苔、裙带菜、羊栖菜等海藻类，以及海水制成的天然盐中，都包含着大量的微量矿物质。

此外，在矿物质中，有研究表明碘、硒、铬、硅等都与美容有着密切联系，这些矿物质的缺乏可能是阻碍头发生长的一个原因。

在加工食物中，随着加工程度的加深，矿物质也会随之流失。另外，由于食品添加剂中存在阻碍矿物质吸收的物质，而现代人经常食用加工食品、零食、软饮料、方便面等，所以体内的矿物质含量自然容易不足。

如果忙碌的现代人想要生发，那么通过服用营养补充剂来满足最低限度的矿物质摄入量也是个办法。

在此基础上，需要在力所能及的范围内注意饮食。

常量矿物质

微量矿物质

要点五

男性的理想体温
是 36.7℃ ，
女性是 36.2℃

▶ 如果体温太低，血液可能会无法循环到头顶

▶ 通过伸展运动、走路等，尽量让身体动起来

▶ 泡澡时慢慢进入浴缸，一点一点地提高体温

▶ 有意识地食用肉桂、生姜等能够让身体温暖起来的食物

把营养输送到头皮是很重要的

也许很少有人想过自己的体温保持在多少度才是对头发有好处的。但是，我曾经见过很多例子，患者在最开始时因为体温低，无论多么努力地进行头皮护理，头发也依然不见起色；但是当体温升高之后，头发在几个月内就长出来了。

从太阳穴再往上，头皮上就很少有比较粗的血管了，大部分都是细小的毛细血管。

因此，如果血液得不到充分循环，头皮很快就会陷入营养不良的状态。

身体在代谢活动中产生的热量会通过血液循环输送到全身。也就是说，平时体温较低的人，血液的循环就容易变缓，营养很难被输送到头皮上的末端毛细血管中。

在生活中有意识地做些小运动

我正常的体温是 36℃，或者再高一些。而代谢活动最活跃、免疫力最高的健康体温是 36.5~37℃。

男性的正常体温最低要保持在 36.7℃，女性要保持在 36.2℃。要做到这一点，最简单的方法就是在生活中有意识地让身体动起来，比如去坐地铁时不坐自动扶梯，而是爬楼梯；去购物时骑自行车，而不是开车；养成经常做伸展运动的习惯等。为了提高基础代谢率，做做下蹲等锻炼肌肉的运动也是不错的选择。睡觉前可以泡泡澡，让体温慢慢升高，比淋浴的效果要好。

另外，有的人体温偏低，导致血液循环容易减慢，但也有人因为体温过高而导致头发容易脱落。

这些人的特征主要有血压较高、怕热、爱出汗、脸上潮红，体内容易积累燥热等。于是很多人就会从头顶开始脱发，这和气温过高时植物的叶子就会干枯是一个道理。

体温偏低的人

对这些体温偏高的人，本书第 36 页中介绍的各种食物会对他们起到反效果，请一定要注意。

本书在第 60 页专门归纳了"头皮类型对照清单"，向大家介绍了适用于不同类型头皮的生发护理方法。

而体温偏高的人，请参照对照清单中的"高血压·高体温型"，选择适合自己的头皮护理方式。

要点六

通过体内调养来
促进生发的关键
在于"肾脏"

▶ 肾脏是调控血液成分的重要器官

▶ 当肾脏功能变弱时，头发的营养就会严重不足

▶ 要注意补充水分，不要等到口渴时再喝水

▶ 将精制盐换成天然盐，有助于保护肾脏，同时补充矿物质

要好好保养肾脏

肾脏可以区分血液中那些身体"必需的物质"和"不需要的物质",然后将"不需要的物质"通过尿液排泄出去。

在过滤血液、生产尿液时,肾脏其实是在从体内其他器官中接收信息,然后对血液成分进行精妙的控制。

因此,如果肾脏这个"血液管理者"的功能变弱,那血液的成分就不能维持在一个恰当的状态,为身体输送"必需的物质"的能力便会减弱,导致头发变细。

另外,肾脏还担负着调整血压,从而促进血液循环的作用。所以,一旦肾脏功能下降,头皮部分的血液循环就会减缓,营养也难以被输送到这里,最终就会引发头发问题。

东方医学认为,肾是储存生命能量的重要场所。

也就是说,如果身体没有处在"能量充足的状态",即"肾脏健康的状态",那么就没有足够的培育头发的力量,从而导致脱发和头发变白。

话虽如此，但是肾脏与肠胃等器官不同，当它的状态不佳时，我们很难察觉到。

关于对肾脏有益的食物，本书在第 3 章中会进行介绍。

为了在平时好好保养肾脏，需要注意适当的水分补给。同时，不要养成经常吃止痛药的习惯，也不要食用过多的精制盐。天然盐中含有很多矿物质，用它替代精制盐还能补充矿物质，可谓一举两得。

要点七

"缺水"
不利于生发

▶ 不喝水这件事本来就不正常

▶ 每天至少要喝一升水

▶ 可以培养喝咖啡和茶的爱好

▶ 喝常温的水有助于疏通肠胃，建议多喝白开水为什么不喝水会导致发量稀少？

我在以往的著作中也多次提到："为了生发，多喝点儿水吧！"

但遗憾的是，有太多人没有养成多喝水的习惯，所以头发状态总是不见起色。其实经常会有人问我："为什么不喝水会导致发量稀少？"

说实话，"不喝水"这件事情，对人来说本来就是不正常的。

人的身体中，有六成以上的成分都是水，水支持着我们的生命活动。对人类来说，就算一个月不吃东西可能也能存活，但如果不喝水，估计连两三天都撑不下去。我们体内的血液和淋巴液主要是由水构成的，生发所需要的营养和氧气也是通过水来运输的。

给身体补充水分时最好选择矿泉水等纯粹的水。

因为纯粹的水几乎不含其他多余成分，所

以不会给消化系统造成负担，能够被身体顺利吸收。

而果汁和碳酸饮料中含有大量的糖。

另外，绿茶、红茶、咖啡等，因为有促进水分排出的作用，所以仅仅当作消遣、爱好是可以的，但是不能把它们当作补充水分的手段。

至于每天的补水量，最低标准是1升。但是如果此前没有喝这么多水的习惯，一下子做到每天喝1升水是很困难的，这时可以从每天500毫升开始。

另外，在喝水的时候，如果一次喝很多，就容易被身体很快排泄掉。所以要少量多次地喝，每次喝150毫升左右。

有的人就算不喝冰水，喝常温的水也会闹肚子。建议这类人喝烧开过的白开水。另外，最好喝更适合肠道的软水。

水可以吸收身体需要的物质

其他不需要的物质会通过尿液排出

要点八

紧张时就听听
432Hz 的音乐，
没有干劲时就听听
440Hz 的音乐！

▶ 自主神经紊乱是生发的大敌

▶ 不同音高的音乐会给心情带来不同变化

▶ 音乐对生发最重要的作用是能够增加心情愉悦的时间

▶ 什么类型的音乐都可以，只要自己喜欢就行

用音乐让头发保持良好状态

很多人都有过听音乐后情绪变得高涨，或者感到放松的经历吧。

心情烦躁、情绪低落、自主神经紊乱，都会给生发带来不良影响。

如果心情烦躁，交感神经就会占据主导地位，那样不仅会导致血管收缩，引起头皮血液循环不畅、头发营养不良，还会导致废物排出不畅，头皮浮肿僵硬。而且，如果人长期处于紧张状态，睡眠就会变浅，细胞修复的速度会变慢，体内激素的平衡也会被打破，最终导致头发正常的更新换代被打乱。

另一方面，如果副交感神经占据主导地位，人就容易提不起精神，情绪变得低落，日常生活的节奏被打乱，也会导致身体代谢活动减慢，进而令头发的生长受到阻碍。

在总是感到紧张时，就听听 432Hz 的音乐吧；在没有干劲的时候，就听听 440Hz 的音乐来转换心情，从而把不好的心情对头发的负面影响降至最低。

432Hz 的音乐具有非常好的放松效果,甚至被称为"治愈频率"。有很多治愈系音乐和民乐都是以 432Hz 为调音的,在感到有压力的时候可以听一听。

440Hz 能有效地激发人的情绪。在音乐的世界里,它的音高被认为是近代各国通用的调音基础,爵士乐和摇滚乐等基本都是以 440Hz 为调音的。心情低落的时候,就听听这类音乐来打起精神吧。

不过对生发来说,最重要的还是在一天之中多增加些心情愉悦的时间,用自己感觉"舒服"的声音来调节自主神经的平衡。

迷 你 专 栏

患有斑秃的人中女性居多？

　　人类的大脑大致可以分为"男性大脑"和"女性大脑"两种类型。"女性大脑"指的是在感性和艺术方面具有优势的右脑类型，"男性大脑"指的是擅长逻辑思考的左脑类型。

　　实际上，来找我咨询局部头发脱落问题的人绝大多数都是职业女性。"这是为什么呢？"当我思考这个问题的时候，我发现其原因在于，现代商业社会是以擅长逻辑思考的"男性大脑"为中心来运转的。

　　当然，男性当中也存在"女性大脑"类型，女性当中也存在着1~2成"男性大脑"类型。而"女性大脑"能够体谅对方感情，能够体察到那些无法用语言表达的想法。对拥有"女性大脑"的女性来说，如果周围都是些做事中规中矩的人，她们往往会感到压力很大，于是在工作中就会钻牛角尖，甚至患上斑秃。

　　压力过大不仅对头发无益，对身体健康也很不好。所以要有适合自己的减压方法，比如听音乐、做饭、运动等。

要点九

用吹风机
吹干头发，但不要
直冲着头皮吹

▶ 洗完头发不吹干，发质容易受损

▶ 头皮最好保持湿润的状态

▶ 用吹风机吹头发时，不要直冲着头皮吹

▶ 可以等头发7成干之后再用冷风来吹

对头皮和头发都好的吹干方法

为了养发，用吹风机吹头发时最重要的就是"吹干头发"，但不要"直冲着头皮吹"。

在以前的著作中，我曾经主张过"不要用吹风机吹干头皮，让它自然干燥就好"。但是近年来我意识到，头发湿着的时候会比干着的时候更加柔软，如果受到磨损或缠绕在一起，其表面的毛鳞片便会受损，头发会被拉伸，变得更加脆弱且容易断裂，发质也更加容易受损。所以我现在建议用吹风机把头发吹干。

所以，考虑到头皮和头发两方面的健康，在洗发后最好用吹风机"吹干头发"，但不要"直冲着头皮吹"。

洗完头发后最好把头发弄干，但考虑到生发问题，最好让头皮保持湿润的状态。如果用吹风机的热风直接吹头皮，头皮会变得干燥，生发的"地基"也会变得粗糙。

经常有人会问："如果不把头皮擦干的话，上面不会滋生什么细菌吗？"这个大可放心，

只吹头发

因为头皮上多余的水分会被体温蒸发掉，所以没必要特意擦干头皮。

因此，在使用吹风机时，风向不要与头皮垂直，而要顺着头发上上下下地吹干，注意避开头皮。

另外，在头发干了7成之后，就可以用冷风代替暖风了，这样可以让头皮不干燥。

有的吹风机自带"关爱头皮"的功能档位，可以选择使用这样的产品。

先打好头皮基础
再使用生发剂

▶ 如果头皮状态变好，生发剂的效果也会增强

▶ 在选择生发剂的时候，首先选择"刺激性小"的

▶ 具有保湿效果的生发剂有助于舒张毛孔

当你犹豫「选哪个好」的时候……

前文介绍的 9 个要点如果都能做到，就能够排除妨碍生发的诸多因素，打好为头发输送营养的基础，头皮（生发基础）的状态也能改善很多。

如果想要使用生发剂，要在打好这个阶段的基础之后再使用，这样才有效果。

药店和网络上售卖的生发剂多种多样，应该会有很多人犹豫"选哪个好"吧。

关于不同体质适用的高效生发成分，本书将在后面的内容中进行介绍。

除了含有有效的生发成分，生发剂还要选择"对头皮刺激小""保湿效果好"的产品。

在有头发烦恼的人当中，皮肤粗糙、油脂平衡紊乱、头皮状态不好是比较明显的表现。

酒精是强刺激性成分的代表。在提取化妆品原料的过程中会使用酒精，往往会导致产品中的酒精含量变高。但是如果不使用酒精，有时就无法提取出有效成分。所以，并非所有含有酒精成分的产品都不能使用。

头皮环境变好后，头发也会
茁壮成长

头上没有长过湿疹或头皮癣的人，如果想利用产品中的有效成分，可以尝试选择含有酒精成分的产品。

另外，对头皮进行保湿可以增加头皮的柔软度，使收缩的毛孔更加容易舒张。

这些做法不仅有利于长出更结实的头发，也有助于增加每个毛孔中的头发数量。

迷 你 专 栏

以矿物质水为基础的生发剂效果更好！

为了长出健康的头发，矿物质是不可缺少的。我们不仅可以通过食物来补充矿物质，还可以直接将其涂抹在头皮上。

富含矿物质的乳液不会影响到任何生发剂的效果，也不会刺激到头皮，能够有效促进头发健康生长。

可能会有人想："这样的话，把它用作生发剂的原料不就行了吗？"但遗憾的是，如果把矿物质作为原料，不仅价格昂贵，还会产生沉淀和浑浊，从而影响产品外观，降低产品的稳定性，因此很难获得消费者的青睐。

能够补充矿物质的乳液中添加了可以作为饮用水和化妆水售卖的温泉水。另外，含有海藻精华"白藜芦醇精华（低分子褐藻糖胶）"的化妆水，也很容易被皮肤吸收，推荐使用。

在使用生发剂之前，请一定先尝试使用矿物质水。

头 皮 类 型 对 照 清 单

在这里再详细为大家介绍一下，不同头皮类型和体质类型应该如何选择生发剂吧。另外，还将为大家介绍除了以上的十大方法之外，还有哪些方法可以有效生发。

请对照下面的选项，勾选出你感觉和自己情况相符的内容。

勾选最多的就是你所属的类型。

如果不同类型的选项数目相同，那么这些类型的生发方法可以都尝试一下。

减少阻碍生发的因素，就能大大提高长出健康头发的概率。

体 寒 型

☐ 舌头发白   ☐ 指甲容易劈

☐ 手脚容易发凉   ☐ 人显胖

☐ 眼睑内侧是白色的 ☐ 食欲不旺盛

☐ 肚子易受凉

• 推荐的生发护理

"体寒"的人，头发健康生长所需的"血"可能不足。

猪肉、鸭肉、鲣鱼、金枪鱼、沙丁鱼、蛤蜊、胡萝卜、小油菜、大蒜(少量)、黑木耳、大枣等都是有助于造血的食物。同时，要多食用生姜、肉桂等食物，以提高体温。

补充矿物质也是有效的方法。

• 推荐的生发成分

胡萝卜精华、地黄精华等成分有助于提高头皮温度。

* 地黄精华需要用酒精来提取，推荐头皮环境没有问题且不是敏感头皮的人使用。

缺 氧 型

☐ 唇色偏紫　　　　　　　☐ 有哮喘

☐ 脸颊发白，不够红润　　☐ 皮肤整体都是干巴巴的

☐ 鼻子容易堵塞　　　　　☐ 脸容易浮肿

☐ 鼻子小　　　　　　　　☐ 有过敏性皮炎

• 推荐的生发护理

之所以"缺氧"，很可能是因为在这类人体内，以"肺"为中心的身体循环功能减弱了。

这类人的血液循环容易减缓，可以试试伸展运动和第164 页介绍的呼吸法，促进体内血液循环。

另外，换一个适合自己的枕头可以促进头部的血液循环。

还可以有意识地多吃能够制造健康血液的里脊肉、腿肉等瘦肉，鲣鱼等蛋白质，裙带菜、羊栖菜等海藻类，以及菠菜、西蓝花等。

- ● **推荐的生发成分**

矿物质和水溶性蛋白聚糖等"保水"成分。

＊"保水"是指保持头皮本身的水分。"保湿"说的是通过反复使用油性的物质，使头皮一直保持湿润的状态。两者概念不同。

老 化 型

☐ 指甲上有竖纹
☐ 眼睛下面皱纹较多
☐ 和以前相比，肌肉含量
下降
☐ 感觉体力衰退

☐ 起夜次数变多
☐ 睡眠时间变短
☐ 皮肤上的斑点变多
☐ 有高血压、动脉硬化等
生活习惯病的隐忧

- ● **推荐的生发护理**

头发变细和脱发可能是发根老化引起的。

紫外线对头皮的老化有很大的影响，所以要尽量避免长时间的紫外线照射。

另外，还要调整一下自己的生活习惯。比如多多活动身体、不熬夜、多吃生发效果好的食物等。

多吃一些抗氧化能力强的蔬菜，如抱子甘蓝、羽衣甘蓝等，草莓、李子等水果也可以有意识地多吃。

• 推荐的生发成分

在头皮护理产品中，选择含有能去除活性氧的海星枝管藻（低分子·海藻精华）、桑白皮精华、柿子叶精华等成分的。

高血压·高体温型

☐ 指甲的颜色偏红　　　　　☐ 唇色偏红

☐ 指甲的根部向上隆起　　　☐ 又矮又胖

☐ 头上出现黏腻的头皮屑　　☐ 不常运动，但仍然有很

☐ 面色潮红　　　　　　　　　多肌肉

☐ 舌头颜色偏红

• 推荐的生发护理

此类型的人往往血压偏高，"血"量较多。这是体内的"热"滞留在了头顶，使头皮干燥的速度加快，于是头发很可能会从发旋周围开始逐渐变得稀少。

要多吃有清热效果的夏季蔬菜，如西红柿、芹菜、黄瓜等，豆腐也是不错的选择。烤肉、油炸食品、煎饺、韭菜、大蒜、葱、泡菜等容易使"热"侵入体内的食物要控制食用量，特别是在夏天。

＊有些人虽然属于"高血压·高体温型"，但是手脚指尖仍然会发凉。这类人最好按下面所说每天做做练习，每天3组，疏散头顶堆积的热量，使其输送至全身。
①用双手指尖轻轻按压发旋周围，维持8秒左右。
②手攥拳，脚趾向内蜷紧，然后同时张开，就像"石头剪刀布"一样，如此反复8次。
＊手脚指尖不发凉的人可以进行有氧运动，让热量通过汗水排出体外。

• 推荐的生发成分

要多吃能够有效促进血液循环、疏散热量的食物，如含有龙胆精华、西洋菜精华等成分的食物。另外，这种类型的人皮肤往往容易干燥，为了有效保湿，可以使用含有海星枝管藻（低分子·海藻精华）成分的产品，效果也很不错。

＊外用地黄精华，能够提高发凉部位的温度，也能疏散热量堆积部位的热量。因此，地黄精华对"高血压·高体温型"也很有效果。但是，地黄精华需要用酒精来提取，推荐头皮环境没有问题且不是敏感头皮的人使用。

干 燥 型

- ☐ 指甲顶端出现分层
- ☐ 嘴唇干燥
- ☐ 总是感到口渴
- ☐ 舌头上有裂纹
- ☐ 头上出现干燥的头皮屑
- ☐ 眼睛常年有很多眼屎，眼干眼涩
- ☐ 有较多鱼尾纹和法令纹
- ☐ 贫血

• 推荐的生发护理

总的来说，这类人需要注意让头皮避免干燥。

要选择保湿效果好的产品。淋浴喷头一定要换成除氯喷头，且不要用吹风机的热风吹头皮。

可以配合使用保湿乳液，也能有不错的效果。

要多吃有利于头皮保持湿润的食物，如秋葵、芋头、山药、纳豆、滑菇、鸡蛋等。

● 推荐的生发成分

要选择保湿效果好，含有水解薏仁种子精华、水溶性蛋白聚糖、海星枝管藻（高分子·海藻精华）等成分的产品。

胃热型

☐ 有口气　　　　　☐ 喜欢吃冷饮
☐ 背上长湿疹　　　☐ 嘴唇容易干裂
☐ 鼻翼发红　　　　☐ 舌头发黄
☐ 牙龈肿胀或出血　☐ 发际线后退

● 推荐的生发护理

"胃热型"的人，胃里容易堆积热量，头发很可能从额头开始就变得稀少起来。

多吃西红柿、芹菜、萝卜等食物，有助于清除胃热。注意：最好不要吃大蒜和韭菜。另外，适当的运动可以缓解压力，多出汗也有助于散热。

经常喝酒的人胃里容易堆积热量，所以还是少喝为好。

● 推荐的生发成分

可以选择含有薄荷油等具有清凉效果的成分，以及含有地黄精华等可以促进血液循环、帮助体内散热的成分的产品。

医药品、准药物、化妆品的区别是什么？

生发剂分为"医药品、准药物、化妆品"三种。

医药品：用于治疗和预防疾病的产品

准药物：不用于治疗，而用于预防脱发和促进生发的产品

化妆品：保持毛发健康的产品

这三者在《药事法》上是有明确区分的，一般认为，其有效性从高到低的排序为医药品 > 准药物 > 化妆品。但是，当我实际参与洗发水和生发剂的研发时，却发现了一些之前不知道的事。

"医药品"在注册时花费了巨额资金，所以产品价格也水涨船高。除了指定的103种成分必须要标示出来，其他成分可以不公开。

"准药物"花费了比"化妆品"更高的注

册费用，因此产品的价格也比较高。除了指定的 103 种成分必须要标示出来，其他成分可以不公开。

"化妆品"由于注册费用较低，所以可以压低产品价格。根据规定，所有成分都必须标示出来。

由此可知，由于"医药品"和"准药物"可以不标示出指定成分之外的成分，所以究竟其中包含了哪些成分，我们有时并不清楚。

另外，因为有效成分的浓度并不一定是医药品 > 准药物 > 化妆品，所以有时可能是化妆品所含的有效生发成分更多。

而基于以往的经验，我在这里并不是想说"医药品"就等于"对谁都有效"，"价格高"就等于"有效成分的浓度高"。

我想说的是，只要弄清楚自己的头发为什么会出现问题，然后再具体问题具体分析，选择适合自己的产品即可，不必拘泥于《药事法》的分类去选择产品。

养发剂和生发剂能一起使用吗？

这里需要简单地说明一下养发剂和生发剂的区别。

养发剂：分类——准药物；用途——培育头发，防止脱发

生发剂：分类——医药品；用途——促进生发、防止脱发

非医药品是不能使用"生发"这个词的。

现在，在药妆店和网上能买到的生发剂都含有"米诺地尔"成分，它在医学上被认为具有生发效果。

米诺地尔是一种血管扩张药，原本用于治疗高血压，但同时具有生发的副作用，且这一副作用已经被认可，所以它也被用在生发剂中。

含有米诺地尔的生发剂确实有扩张血管、促进头皮血液循环的功效。

但问题是，即使它有生发效果，也无法从根本上解决头皮血液循环不畅、血管变细等问题。因此一旦停止使用该产品，头发可能会恢复到原来的孱弱状态。

我建议，使用含有米诺地尔的生发剂的人，同时要牢记"让头发更健康的十个要点"。

另外，虽然养发剂和生发剂在成分、效果方面有所不同，但二者的目的基本上是相同的。

而且，并不是说同时使用这两种产品效果就会加倍。同样，并不是说同时使用两种养发剂或者生发剂就能起到双倍效果。

而且，任何养发剂和生发剂在制造时都是被设定为单独使用的，所以如果多种产品混用，那么之后会产生何种副作用，没有人知道。

若想使用含有不同成分的养发剂和生发剂，建议错开疗程单独使用，不要同时使用。

针对不同类型头皮的食物建议

分 类	头 皮 类 型					
	体寒型	缺氧型	老化型	高血压·高体温型	干燥型	胃热型
肉类	● 猪肉 ● 鸭肉	● 里脊肉 ● 腿肉				
鱼虾贝类·海藻类	● 鲣鱼 ● 金枪鱼 ● 沙丁鱼 ● 蛤蜊	● 鲣鱼 ● 裙带菜 ● 羊栖菜				
蔬菜·薯类·豆类·蘑菇类·水果	● 胡萝卜 ● 小油菜 ● 大蒜 （少量） ● 生姜 ● 黑木耳		● 抱子甘蓝 ● 羽衣甘蓝 ● 草莓 ● 李子	● 西红柿 ● 芹菜 ● 黄瓜 ● 豆腐	● 秋葵 ● 芋头 ● 山药 ● 纳豆 ● 滑菇	● 西红柿 ● 芹菜 ● 萝卜
其他	● 大枣 ● 肉桂				● 鸡蛋	

* 上表所列为本书作者认为有生发效果的食物。
不要偏食，要多留心日常食物的选择，力求获得更佳的效果。

第 **2** 章

让头发更健康的
洗发方法和
头皮按摩法

把洗头当作『养发时间』

大家基本上都要每天洗头。

如果把洗头的时间变成"养发时间"，那么生发效果会更好！

有很多人都认为"洗头"就是"把头发洗干净"，但我认为，洗头是进行重要的生发按摩的时间。

其实，我们之所以会认为"洗发等同于把头发洗干净"，是因为在过去很长一段时间里，人们都理所当然地认为，一个月洗 1~2 次头发是很正常的。

据说，日本人每天洗头的习惯是从 20 世纪 90 年代后半期才出现的。

在那之前，因为洗头次数少，所以人们会频繁地梳理头发，把头皮上的皮脂梳到头发上是唯一的护发方法。

抑制皮脂转变为过氧化脂质，防止它们在头皮上堆积，可能有助于减轻其对头皮的刺激，减少头皮异味吧！

在过去，为了把头发梳整齐，人们会往头发上抹油。所以在每月 1~2 次的洗头过程中，人们的"去油"意识是很强的。所以那时便有了"洗发"这一说法。

到了 2000 年，人们对于头皮有了新的了解，开始关注头皮的护理。

有人认为，"洗发水"（shampoo）这个词的起源，可能是印地语的 "champo"（按摩）。

由此可见头皮按摩的重要性。

利用洗头的时间，在洗去污垢的同时，也试着用按摩来促进头皮的血液循环，从而使头发慢慢生长吧！

不要期待皂基洗发水的造型效果

前面已经介绍过，表面活性剂作为清洁成分，大致可分为"高级醇""皂基""氨基酸"三种。

其中，"高级醇"一般被称为合成表面活性剂，具有十分强效的清洁能力，会把头皮上的定植菌和皮脂一起清洁掉。

那么"皂基洗发水"会对头发和头皮产生什么效果呢？

大多数皂基洗发水的主要成分是脂肪酸钾（皂基），并且很少添加防腐剂和添加剂，所以可以视为一种对头皮比较温和的清洁剂。

但是，由于皂基洗发水中不含能够使头发变得顺滑的护发素成分，所以用它洗头时，往往能听到头发相互摩擦时瑟瑟作响，手指也很难顺畅地插入头发中。

此外，如果清洗得不彻底，头上就会残留

皂屑。皂屑在干燥之后会变得硬邦邦的，并变成像头皮屑一样黏糊糊的粉末。

近年来，为了改善这一点，一些皂基产品在生产时添加了保湿剂和油。

但我认为，对于头皮来说，虽然皂基洗发水比硫酸类洗发水更加安全，但最好不要期待它能有造型效果。

头皮按摩并不属于『让头发充满活力的十个要点』！

包括我之前的著作在内，很多关于生发的书都以"头皮按摩"为主要内容。

当然，直接向头皮施加刺激，促进血液循环，是让头发健康生长的关键所在。

但基于我经历过的各种例子，我认为可以把头皮按摩比喻为"生发森林中的一棵树"。

在"生发森林"中，还包括水分的循环、血液的质量、从食物中摄入的营养等与身体内部密切相关的重要因素。

因此，我特意没有把"头皮按摩"列入"让头发充满活力的十个要点"之中。

当然，如果"头皮按摩"这棵树枯萎了，那么"生发森林"也会出现明显的缺失。

但有些人的"生发森林"中，也许是"喝水习惯"这棵树枯萎了，还有可能是"适当的体温"这棵树腐烂了。

　　我想告诉大家的是，要想使你的"生发森林"生机勃勃地生长，那么有关"身体内部因素"的树木和"头皮按摩"这棵树，都必须要茁壮生长。

要注意呵护「即将长出来的头发」

"洗头的次数不要太频繁，不然头发会掉！"

有很多美发师对担心掉头发的人说过这样的话吧？虽然是开玩笑的口吻，但这些话里也隐含了"最好一根都不掉"的想法。

但是，如果不一边按摩头皮一边洗头的话，不仅不能去除头发上的污垢，也无法促进血液循环，进而无法把营养输送给头皮。

这样一来，宝贵的洗头时间不仅不能促进生发，反而可能会对头发和头皮造成伤害。

这种情况不只发生在理发店和美容院，在家里也一样。有很多人在洗头的时候因为担心掉头发，索性连泡沫都不打，草草地洗洗就完事了。

洗头的时间，是养发的重要时间。

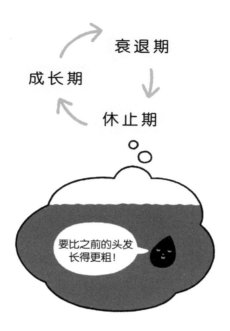

　　头发生长周期分为休止期—成长期—衰退期，其中，在休止期或者进入休止期之前的过渡期，掉头发是很正常的。

　　相反，如果一直不掉头发，不仅会扰乱正常的头发生长循环，还会影响到新头发的生长。所以，不要害怕掉头发。

　　在洗头时仔细做好护理，调理好头皮环境，为新头发的生长做好准备，等待下一个"生长期"。这有利于长出更加粗壮、寿命更长的头发。

洗头的水温要控制在 37~39℃

为了养发，太烫的水和温度不够的水都不适合使用。

让头发恢复活力的适宜水温是 37~39℃。这个温度比体温稍高，但是人不会感觉到"烫"。如果温度再高的话，就会清洗掉过多的皮脂。

"为了在早上迅速清醒，会用偏烫的水洗澡。"

"为了彻底清除皮脂，所以用比较烫的水洗头。"

经常这样做的人，赶快重新设定一下热水器的水温吧！

此外，如果用低于 37℃ 的温水洗头，是不能彻底去除污垢的。

头皮上的皮脂腺是额头和鼻子的两倍，若用温度不够的水来洗，就会残留多余的皮脂，很容易导致过氧化脂质堆积。

温度太高

过度清洗
掉皮脂

适宜温度

37〜39℃

温度不够

无法彻底
去除污垢

想象一下你清洗那些满是油污的餐具、平底锅时的场景，是不是就很容易理解了？

如果水温太高，即使能够彻底洗掉污垢，手也会变得很干燥。

而如果水温不够，那些黏糊糊的油污是无法清洗干净的。

即使选对了洗发水，可如果搞错了水温，那么好不容易选出的洗发水的效果也会大打折扣。

最重要的是「洗两遍」

正确的洗头方法是"洗两遍"。这不仅对头发有好处，对头皮也会产生积极影响。而这里的"洗两遍"并非单纯为了彻底清除污垢。

洗第一遍是为了洗掉汗水、灰尘、各种细菌等积攒下来的污垢。

洗第二遍是为了让洗发水中所含的有效成分渗透头皮，促进头发生长。

正确的洗头方法如下：

① 用热水冲洗头发和头皮（大约冲洗60秒）

② 洗第一遍（将洗发水倒在手上打出泡沫，将泡沫涂满头皮之后再用水冲掉）

③ 洗第二遍（让洗发水的泡沫与头皮充分贴合，用第88页中介绍的头皮按摩方法按摩1~5分钟后冲洗干净）

最开始要用热水慢慢冲洗头发和头皮，让头皮变暖，主要清洗掉汗水、灰尘等水溶性污垢，以便在之后的步骤中让洗发水更好地产生泡沫。

洗第一遍时主要是去除脂溶性污垢，如发蜡、护发素和多余的皮脂。在这个步骤中，不需要用力清洗头皮或按摩头皮，只需要将洗发水的泡沫布满头皮，然后冲洗干净即可。

然后，再次配合洗发水按摩干净的头皮，让营养成分能够渗透头皮。可以一边泡澡一边按摩，甚至同时敷个面膜。只需让泡沫留在头上，同时清洗身体即可。

"洗 两 遍" 的 步 骤

① 用热水冲洗头发和头皮

大约60秒

② 洗 第 一 遍

//用力//

将泡沫涂满头皮
之后，用水冲掉

③ 洗 第 二 遍

让洗发水的泡沫与头皮充分
贴合，用第88页中介绍的头
皮按摩方法按摩1~5分钟后冲
洗干净

※头皮与泡沫充分贴合之后，无须用力揉搓也可以
洗掉污垢（见第86页）

迷 你 专 栏

　　如果想给沉睡在毛孔深处的新头发的"芽"提供营养，就要注意洗发水产品中所含的成分。

"让头发恢复活力"
"软化头皮，促进血液循环"
"改善雄激素性脱发（AGA）"
"减少白发"
可以根据这些不同功效来选择产品。

让头发恢复活力的推荐成分

- 人参精华
- 千金藤素
- 橙汁
- 枇杷叶精华
- 泛醇（泛酸衍生物）

改善雄激素性脱发（AGA）的推荐成分

- 甘草甜素
- 地榆精华
- 米诺地尔

软化头皮，促进血液循环的推荐成分

- 当药精华
- 迷迭香
- 地黄精华
- 维生素E
- 辣椒酊
- 山楂精华

减少白发的推荐成分

- 八丈草叶/茎精华

使劲揉搓的洗发方式不可取

很多来做生发咨询的人，洗头方法都是不正确的。

他们在洗第一遍和第二遍时都会用力揉搓头皮。

但如果总是用手指用力揉搓，不仅会把原本无须洗掉的皮脂都清洗掉，还容易损伤头皮。头皮失去皮脂会变得干燥，就容易受伤发痒。然后他会误以为"有脏东西没洗干净"，于是更加用力地搓揉，头皮的状态就会进一步恶化。

实际上，洗发水中所含的表面活性剂能充分打出泡沫，并紧贴头皮，发挥"以泡沫吸附污垢"的功能。

因此，洗头时洗发水不要直接抹在头发上，而是要先在手上打出充盈的泡沫后再均匀地涂在头上，然后再像按压泡沫一样清洗头皮，这是非常重要的。

　　我觉得，在美容院洗头时，店员为使顾客感到满意，总是会不停地清洗，目的是让顾客觉得"洗得很仔细，自己肯定做不到"。

　　每隔一两个月去美容院享受一次这样的洗发服务，店员询问你"有没有觉得痒的地方"，然后仔仔细细地揉搓你的头发，这没有问题，也无须担心会掉头发。

　　但是请一定要明白，如果自己每天在家里也这样用力揉搓头发，并不利于生发。

有效的头皮按摩

接下来为大家介绍洗第二遍时应当如何按摩头皮。

① 将双手的拇指根部贴在耳朵上方的颞肌上。

② 双手向上推 4~5 次，放松颞肌。

这时，比起双手的拇指根部，手掌根会更好发力，请选择你觉得更好发力的方法。

③ 用双手指腹向上按摩前额肌、枕肌（和枕下肌群）。

在放松这些肌肉之后，头顶的帽状腱膜也要向上推。有人感觉用双手重叠向上抓握会更好发力，请选择你觉得更好发力的方法。

头部的肌肉和筋膜支撑着重达 5 千克的头部，再加上不能像胳膊和腿那样活动，所以会比想象的更容易酸痛，血液循环也更不畅。

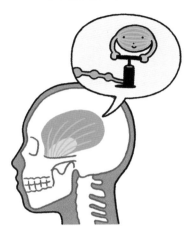

特别是支撑着沉重头部的，位于脖子根部的枕肌（和枕下肌群），因为现代人经常用电脑工作，也经常看手机，长此以往这些肌肉就会很容易疲劳。

按摩枕肌（和枕下肌群）可以放松头皮，促进血液循环。

另外，头皮按摩还有一个好处，就是能够将因重力而收缩的毛孔向上提拉，使多余的皮脂更容易排出。

护发素不要抹在头皮上

洗发水主要是针对头皮的，而乳液和护发素则主要是针对头发的。如果想要掌握正确的洗头方法，请一定要记住这一点。

用洗发水去除头皮和头发上的污垢之后，在头发表面涂上一层油性成分，使其手感更佳，这就是乳液和护发素的作用。但如果将它们直接抹在头皮上，其油分便会堵塞毛孔，从而引发各种问题。乳液和护发素是"调整头发状态的东西"，所以不要直接抹在头皮上。

使用乳液和护发素，要在洗完头发后，从沾不到头皮的位置开始，朝着容易受损的发梢处涂抹，然后进行冲洗。

但是，市面上有不少产品含有对头皮有益的成分，它们可能会标注"可以涂在头皮上"，所以请确认其成分和功效后再使用。

另外，最近市面上也出现了很多只需在洗完头后，用毛巾把头发擦干，然后再涂抹的

要 避 开 头 皮
朝 着 发 梢
方 向 涂 抹

免洗型护发素。

免洗产品和需要冲洗的产品一样，都具有修复受损发质的功效，也可以保护头发不受吹风机和紫外线的伤害，可以结合自身头发的状态来选择使用。

比起只用清水洗头，更推荐使用洗发粉

有人会想，如果不过度清洗皮脂会对头皮有好处，"那干脆洗头时不用洗发水，这样不是更好吗？"

但是我认为，能够通过"清水洗头"就达到生发效果的人只是极少数。因为如果只用热水，那些洗不掉的污垢和氧化的皮脂就会不断堆积。

如果你的头发因为洗发水不合适和洗头方法错误而受损了，那么可以进行一段时间的清水洗头，借此修复受损的头发。

但是，比起一直用清水洗头，我更加推荐使用"PULA洗发粉"。

所谓"洗发粉"，就是将在超市和网上能买到的东西混合制作而成，具有良好生发效果的自制洗发产品。

洗发粉的原料有三种粉末，即玉米淀粉、

薏米粉、小苏打。

然后需要热水，以及调味汁瓶等塑料容器。

洗发粉单次的分量和制作方法如下所示：

- 玉米淀粉（3 小匙 =15 克）＊化妆品用玉米淀粉（食用玉米淀粉也可以）

- 薏米粉（1 小匙 =5 克）＊要买未经烘焙的

- 小苏打（一小撮。如果担心会粘在一起，可以多加一些）＊食用小苏打

- 热水（30 毫升）

把以上所有材料放入容器中摇晃，使其混合均匀（感觉它稍微有点黏时就可以了）。

以上分量是针对男性短发的情况。中长发请分别增加 2~3 倍。

洗发粉的使用方法，请参阅第 96 页的内容。

这款洗发粉的最大特点是，在给头皮保湿并适度保留皮脂的同时，还能有效去除那些顽固的氧化污垢。另外，因为只使用了天然成分，所以可以发挥适度的清洁力，并为头皮提供营养，从而达到调整头皮环境的效果。

这款洗发粉对于"不管用什么洗发水都觉得痒"的人，以及对表面活性剂过敏的人都非常适合。

可以完全用这款洗发粉代替普通洗发水，也可以将市面上的洗发水和洗发粉穿插使用。

洗发粉的制作方法

需要的东西（单次的分量）

玉米淀粉

· 3小匙＝15克
※ 化妆品用玉米淀粉（食用玉米淀粉也可以）

薏米粉

· 1小匙＝5克
※ 要买未经烘焙的

小苏打

· 一小撮。如果担心会粘在一起，可以多加一些
※ 食用小苏打

热水

· 30毫升

调味汁瓶等塑料容器

① 把玉米淀粉、薏米粉、小苏打
放入容器中

② 倒入热水，充分摇晃，使其混合均匀。
感觉它稍微有点黏时就完成了！

洗 发 粉 的 使 用 方 法

1 用37~39℃的热水冲洗
头发和头皮，大约90秒
（彻底去除可以用热水洗掉的
污垢和细菌）。

*如果使用了定型产品，在使用洗发粉之前，
请先用液体洗发水进行清洗。

2 从头顶开始，向四周呈放射
状涂抹洗发粉。

3 将洗发粉均匀地涂抹在头
皮上，然后使用第88页
的方法进行头皮按摩。

4 把洗发粉一点点
洗掉，洗发的水
接到洗脸盆里。

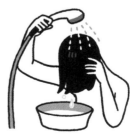

用杯子舀起洗脸盆里的热水，冲洗头发和头皮4~5次（将洗发粉的营养输送到头发和头皮上）。

用淋浴喷头冲洗90秒，洗去洗发粉（不需要再涂抹护发素。如果担心头发毛糙，可以只在发梢涂抹）。

玉米淀粉的颗粒可以清除堵塞毛孔的皮脂污垢。薏仁粉可以保湿头皮，并且抑制多余的皮脂分泌。再加上小苏打所具有的分解皮脂的功能，可以一点点清除毛孔里的污垢。

＊如果使用完头皮预洗油后再使用洗发粉，那么油脂是无法完全去除的，需要使用液体洗发水进行清洗。

＊如果使用了硬定型剂，那么请在洗第一遍时用液体洗发水，洗第二遍时再用洗发粉。

＊出汗多的时候，请根据自身情况考虑洗第一遍时用液体洗发水。

不同类型的头皮按摩方法

＊以下全部按摩都是每天做3次，每次1分钟即可。在感觉舒服的范围内反复进行，头皮就会变得比之前更加有活力。

由于压力而紧张的人

推荐放松颞肌的 "鬓角按摩"

在日常生活中经常感受到工作压力的人，可能会在不知不觉中咬紧牙关。

这样一来，咬肌和与其相连的颞肌就会变得紧张，从而妨碍头皮的血液循环，导致颞肌僵硬。

压力大的人可以在洗头时配合头皮按摩。戴眼镜时，用拇指按压眼镜腿和鬓角相交的部位，然后转圈按摩。可以利用零碎的时间进行按摩放松鬓角，这样可以促进颞部动静脉的血液循环。

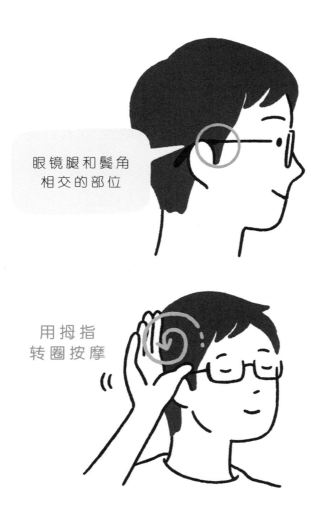

担心发际线
的人

推荐可放松视神经的"缓解眼疲劳按摩"

现代人感觉头皮僵硬（血液循环不畅）的另一个重要原因是眼睛疲劳。

如今，我们总是会长时间盯着手机和电脑屏幕，于是眼睛周围的眼轮匝肌就容易变得僵硬。眼轮匝肌和颞肌、前额肌都有筋膜相连，如果眼睛疲劳，头皮就会受到拉扯，从而变得僵硬。

一旦头皮由于眼轮匝肌的僵硬而受到拉扯，首先受影响的就是额头发际部位的血液循环。也就是说，很容易导致"M形"的稀疏发型（这里的 M 形，指的是雄激素性脱发以外原因造成的）。

朝着头顶的方向轻轻放松太阳穴周围的肌肉，不仅能消除眼轮匝肌的僵硬感，还能刺激累积了疲劳的视神经。另外，太阳穴周围还有很多可以缓解眼疲劳、舒缓眼轮匝肌的穴位，在感觉舒适的程度下，请一定要试着按摩一下。

肌肉向眼睛的
方向拉伸

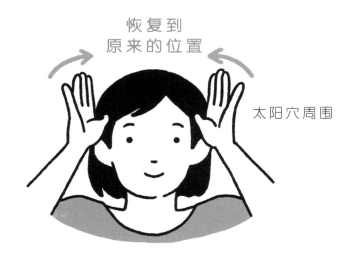

恢复到
原来的位置

太阳穴周围

头皮僵硬
的人

推荐无须手上用力的"元音按摩法"

"元音按摩法"可以一次性放松脸部和头皮僵硬的肌肉，将血液输送到整个头皮，保持头皮柔软，效果很好。

使用"元音按摩法"时最好坐在椅子上，借助桌子来进行。

和洗头的时候进行按摩一样，先用双手拇指按压耳朵上方的"颞肌"。

然后将手肘撑在桌子上，手的位置保持不变，头部向下用力。这样一来，即使手和手臂不太用力，也能以适当的力度将颞肌向上推。

保持颞肌向上推的状态，然后大幅度活动嘴巴，念"a、i、u、e、o"。

大多数表情肌都是从嘴周围开始呈放射状排列的。大幅度活动嘴巴，刺激整个脸部的肌肉，可以促进额肌、颞肌等部位的血液循环，使头皮保持柔软。

脱发的人

推荐促进头皮血液循环的"30秒颈部旋转"

心脏能够把血液强有力地按压出来。而能将心脏和头部连接在一起的，是穿过脖子的血管。

因此，如果脖子僵硬，压迫血管，那么头皮的血液循环就会放缓。

从我经历过的例子来看，出现脱发症，或者耳朵周围头发较为稀少的人，大多都有脖子发痒的症状。

另外，脖子酸痛的人可能会频繁地出现没有感冒症状却发低烧的情况。我自己也有过发低烧的经历，之前受到脱发问题困扰的患者当中，也有人有这样的症状。

要想有效地缓解颈部酸痛，可以利用头部的重量，慢慢地伸展颈部肌肉。试着用30秒的时间，慢慢把脖子转一圈吧。

顺时针转完之后，再逆时针转一次。

另外，经常出现脖子酸痛的人也可以参考第 160 页中介绍的枕头选择方法，换一个适合自己的枕头，对放松肌肉也有效果。再者，可以在泡澡的时候把脖子浸在热水里，促进血液循环。

利用头部的重量，
用30秒的时间慢慢
把脖子转一圈

缓解颈部酸痛

以上所有人

推荐缓解脖颈僵硬的 "颈部放松" 活动

现代人常常会一整天盯着电脑和手机，所以脖子总是前倾的。而如果后颈僵硬的话，血液循环便会受到影响，从而无法顺畅地为头发供给生长所需的营养。对于每天长时间接触电脑、手机、游戏的人，本书推荐以下的 "颈部放松" 活动。

① 双手交叉放于脑后。

头部慢慢向后仰，将所有重量都置于手上，保持 30 秒，放松颈部肌肉。

② 坐在椅子上，双肘支撑在桌子上，双手合十。

将下巴置于拇指上，颈部放松，不要用力。

保持 30 秒，放松颈部前侧。

① 双手交叉放于脑后

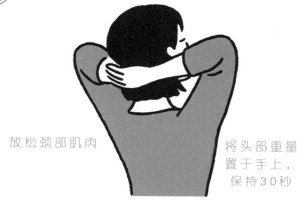

放松颈部肌肉

将头部重量
置于手上，
保持30秒

② 坐在椅子上，双肘支撑在桌子上，
双手合十

将下巴置于拇指上，颈部放松，
保持30秒

用发刷敲打头皮也能促进生发？

很早以前就有人提出过以"用发刷敲打头皮"的按摩法，来辅助生发剂的使用，使其发挥出更大的效果。因此有不少人会用发刷敲打希望生发的部位，尤其是男性。另外，或许是因为美容杂志上常会推荐大家用发刷进行穴位按压、多多梳理头发等，所以有很多女性会用发刷频繁地梳头。

通过刺激头皮来促进其血液循环，这并不是坏事。

但是，如果发刷选择得不合适、敲打力度不当，有时反而会损伤头皮，结果适得其反。另外，只敲头顶是不够的。如果颞肌和枕肌僵硬，加之重力的作用，头皮依然会很紧。

按摩时要依照正确的方法，并尽量用自己的手来进行，这样效果会更好。

另外，如果用发刷梳头，要避免使用齿太尖或刷毛太硬的发刷。

推荐使用前端是圆形，并带有缓冲气垫的发刷。这样的发刷弹性较大，适合用来按摩。

以前人们一般认为，用猪毛等兽毛制作的发刷具有较好的梳头效果。但考虑到卫生因素，我更加推荐选择那些柔软度适中的尼龙等材质的发刷。

在人们不经常洗头的年代，用发刷梳头可以将皮脂蹭到头发上，起到润泽头发的效果。

但是对于每天都要洗头，并且需要用头皮预洗油去除过氧化脂质的现代人来说，用发刷梳头除了能让头发不打结之外，并没有什么作用。

不过近年来，供洗发时使用的发刷质量越来越好。

特别是在敷完头皮预洗油后洗发时，配合使用发刷，清除毛孔污垢的效果会非常好。如果你很在意自己的头皮气味，此做法值得一试。

第 **3** 章

让头发
充满活力
的饮食

构成头发的原材料来自食物

构成头发的原材料是从食物中摄入的营养成分。

我曾见过一位用尽了所有外部手段，生发效果却依然不理想的咨询者。从他身上，我深深地体会到了这一点。

相反，有很多人之前的饮食习惯实在是"对头发太不友好了"，于是仅仅改变了一下他们的食谱和饮食，头发的状态便有了惊人的改善。

从饮食中吸收的营养成分可以从细胞层面激活全身，使头发更加健壮。

接下来要介绍的"让头发充满活力的饮食"，你并不需要照单全收。

首先我们将介绍一下对头发不友好的"三大不可取的饮食习惯"。如果其中有符合你情况的地方，在今后请尽量避免。

同时，从"让头发充满活力的饮食"中，一点点地吸收对头发有益的营养吧！

请尽量从自己之前"没做到"的地方开始进行尝试。

这样便可以弥补不足，把身体内部环境调理得更加适合头发健康生长。

对头发不好的「三大不可取的饮食习惯」

① 极端减肥

举例来说，从"生发"的角度来看，我不推荐完全不食用碳水化合物等极端的减肥法。

一日三餐不仅仅是为了补充必要的营养和能量，还能帮助人体提高体温，减缓血糖上升。并且，有规律地进食还有利于调节自主神经平衡。这些对生发都是非常重要的。最近，16小时断食养生法比较流行。在使用这类方法时，通过液体来补充营养，对于头发十分重要。

② 总吃加工食品（外出吃饭或食用便利店的便当）

我们的身体具有一种神奇的功能，就是排泄掉那些本不属于食物的防腐剂和添加剂。但是，速食食品、软包装食品和加工食品中含有大量对身体来说属于"异物"的东西，它们不仅会给身体带来很大的负担，还会在被排泄出体外时，浪费掉头发生长所必需的营养。人在忙碌的时候选择那些方便食用的食品也是迫于无奈，但是考虑到生发，还是尽量减少食用次数为好。

③ 只注重食物所含热量

有很多人，特别是女性，往往会因为介意热量的摄入而选择不吃肉和鱼，只吃夹心面包。

这样做虽然可能会使体重减轻，但是因为营养不良，发丝也会随之变细。

另外，由于太过在意热量的摄入，很多人会购买那些标榜"零热量""减肥××"等的饮料和零食。

但是，那些号称"零热量"的食物中往往使用了人工甜味剂，这种物质对身体来说也属于"异物"，会给我们的肾脏和肝脏造成很大的负担，而肾脏和肝脏对于头发的健康十分重要。并且，食品添加剂可能还会造成体温降低。

所以，不要被热量所迷惑，而是要关注头发所需的营养。

比起意大利面和拉面，还是多吃米饭套餐吧

考虑到"生发"，应该减少食用意大利面和拉面的次数，多吃米饭套餐。意大利面和拉面就是方便食品的两大代表，经常食用可能会导致营养不均衡。

之所以这样说，是因为虽然这两者富含蛋白质——蛋白质是构成头发的主要元素，但仅有蛋白质对生发来说是不够的。若以面条为日常主食，则维生素与矿物质的摄入量很容易出现不足。但如果吃日式米饭套餐，通过其中的米饭、肉或鱼、水煮菜及沙拉等蔬菜，再加上汤，便能很容易地一次性补充足够的五大营养成分，即碳水化合物、脂肪、蛋白质、矿物质、维生素。在饮食方面，如果为了"让头发获取更多蛋白质"而仅仅努力补充蛋白质，不去补充碳水化合物、脂肪、维生素、矿物质等其他营养成分的话，就无法充分发挥出每种营养成分的力量了。也就是说，即使有了头发生长所需的原材料，但没有生产头发的"工具"和"备用物资"的话，这些原材料也会被白白浪费。

男性经常食用牛肉盖浇饭、炸猪排盖浇饭、拉面等食物，这时要有意识地在其中加入配菜，或者选择有配菜的套餐。

此外，女性往往会认为"多吃蔬菜就能健康"。不过为了头发，也吃一些肉和鱼吧！

"均衡饮食"听起来像是老生常谈，但无论对健康还是生发来说，都是非常重要的。

拉面

意大利面

容易使你口渴的食物中都含有过多的盐分！注意不要吃太多！

蛋白质不足便无法生发

构成头发的大部分成分是一种叫作"角质蛋白"的蛋白质。

如果你想生发，那就必须从饮食中摄入足够的蛋白质。蛋白质同时也是血液的原材料，蛋白质不足，血液的质量就会下降，对头发的生长也会产生不利影响。

一般认为，人体一天所需的蛋白质含量为"体重（千克）×0.8"克。但就日本人来说，特别是日本女性，很容易出现蛋白质摄入不足的情况。若考虑到生发效果，那么以"体重（千克）×1.0"克为标准来计算比较好。比如一个体重为 50 千克的女性，她每天所需要的蛋白质含量应当以"50×1=50 克"为标准。

但是这里需要注意：食品的克数≠蛋白质的量。也就是说，吃 50 克的鸡肉或豆腐，并不意味着就能补充 50 克蛋白质。一般来说，每 100 克牛腿肉中所含的蛋白质为 21.2 克，每 100 克鸡蛋为 12.3 克，每 100 克纳豆为 16.5 克，每 100 克干酪为 22.7 克。

如果每天要补充 50 克蛋白质，则每顿饭至少需要补充 16.7 克。也就是说，每顿饭中都必须含有充足的蛋白质，少一顿都很难达标。

而体温偏低的人在进行消化时往往能量不足，如果勉强吃太多肉，会导致腹部赘肉堆积。这类人可通过豆类、鱼、芝士、酸奶等食物来补充蛋白质。

蛋白质是构成头发的原材料

对头发很有好处的鱼类脂肪

脂肪不仅是身体能量的来源，也是构成生发时不可缺少的激素与细胞膜的原材料，能够促进脂溶性维生素的吸收，是一种具有重要作用的营养素。

那么，为了长出健康的头发，我们应该积极补充哪些脂肪呢？我比较推荐竹荚鱼、沙丁鱼、青花鱼、鲱鱼、秋刀鱼等青色的鱼。

因为青色鱼类中含有的 EPA（二十碳五烯酸）和 DHA（二十二碳六烯酸）可以维持血液正常循环并抑制体内炎症，从而保证营养成分顺利到达头皮，防止头皮老化。

另一方面，在最好避免摄入的脂肪中，排在首位的就是反式脂肪酸。

在常温下将液体的油脂加工成固体时就会产生反式脂肪酸。如果它们堆积在体内，就会制造出生发的大敌——活性氧。另外，含有反式脂肪酸的细胞膜会使头皮失去柔软性，并使血液循环恶化。

标示含有人造黄油、起酥油、低脂人造黄油、食用植物油、加工油脂等成分的食品中通常含有反式脂肪酸。口感松脆的饼干、爆米花等膨化食品，炸薯条、炸鸡块等油炸食品中都会使用上述油脂，需要尽量避免食用。

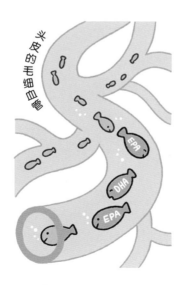

要注意补充生发所需的维生素

　　说到生发所需的营养素，首先是蛋白质、碳水化合物、脂肪。而将以上 3 种营养素转换成头发所需的营养时，则需要矿物质和维生素的参与。正如我在前文中一直强调的那样，头发有问题的人往往都严重缺少蛋白质与矿物质。

　　充分补充蛋白质和矿物质之后，在巩固生发所需营养的基础上，还要注意补充碳水化合物、脂肪、维生素。

　　这里将为大家介绍用于改善不同头发问题的维生素种类。

- 头皮有恼人的气味和黏腻感→维生素 B_2、维生素 B_6

- 头皮干燥，有头屑→维生素 A

- 体寒、血液循环不畅→维生素 E

- 感到压力大和疲劳→维生素 C

维生素类也要尽量从食物中补充。

请有意识地食用以下食物：维生素 A（鳗鱼、海苔、南瓜、胡萝卜）、维生素 B$_2$（沙丁鱼、秋刀鱼、纳豆、杏仁）、维生素 B$_6$（金枪鱼、大蒜、米糠）、维生素 C（西蓝花、青椒、抱子甘蓝）、维生素 E（杏仁、玄米、抹茶）等。

生发所需的营养成分

- 矿物质
- 蛋白质

矿物质和蛋白质就像这个桶，如果桶坏了，那摄入再多的营养也没用

123

吃饭时要从蔬菜开始吃

为了使身体处于"容易生长出浓密头发"的状态，有件事情做起来十分简单，那就是吃饭时先从蔬菜开始吃起。

很多人一看到菜和米饭摆在一起就会先吃肉和鱼，或者米饭。其实比起这些，桌上的腌菜、煮菜、蔬菜沙拉等都是应该先吃的，先吃这些富含膳食纤维的蔬菜可以抑制之后食用的糖分与脂肪的吸收，防止血糖急剧上升。

如果饭后血糖急剧上升，其便会在体内与蛋白质相结合，进而引发糖化反应。"糖化"会使身体各处的细胞功能变迟钝，加速身体老化。

如果头皮出现"糖化"，那么生长头发的细胞力量就会衰退，头发的生长周期也会紊乱。

如果要吃炸猪排，那么就应该先多吃一些

卷心菜。去居酒屋（日本传统的小酒馆）时，不要一坐下就点啤酒和炸鸡，而是要先吃些沙拉或炒菜。其实，决定"先从蔬菜开始吃起"的时候，人们往往会因为想快点吃肉而着急地把蔬菜囫囵吃下去。但这样一来，通过先吃蔬菜获得的"生发效果"也会减半，还会给消化器官造成负担。所以，先细嚼慢咽地吃蔬菜，然后再吃主菜吧！

据说狮子也是
先从草食动物的
胃部开始吃的

糖、盐、酱油、醋、味噌都要选择天然产品

对于想要生发的人，我强烈推荐把饮食中的"糖、盐、酱油、醋、味噌"这5种调味品都换成天然产品。

其中一个重要的原因是，天然调味料中含有合成食品中没有的维生素、矿物质、氨基酸、酵母等多种生发过程中不可或缺的营养成分。

例如，在精制白糖中，钾、钙、锌等矿物质，以及维生素 B_1、维生素 B_2 等营养成分都已经大量流失了。而且，精制白糖会阻碍蛋白质参与合成头发的过程。如果想要获得甜味，可以使用黑砂糖、甜菜糖、蔗糖，以及蜂蜜、枫糖浆等，来代替精制白糖。

盐也是一样，在精制盐中，矿物质几乎都已经流失掉了。最好选用以海水为原料的天然盐，它是在阳光与风的作用中充分结晶形成的天然食品。醋也要选择酿造醋而非合成醋。酱油要选择原料仅有大豆和盐、不含有其他色素与添加剂的产品。另外，味噌也最好选择只使用大豆（以及大麦、大米、酒糟）和盐的天然酿造产品。

把调味品换成天然产品还有另外一个好处，就是可以从这些调味品中，以极高的性价比获取生发所需的营养成分。

考虑到农药的使用与营养价值，人们有时会倾向于选择有机蔬菜，但其昂贵的价格会让很多人望而却步。

但在调味品方面，天然产品与一般产品价格相差无几，而且可以使用很长一段时间。

裙带菜和海带可以调整肠内环境，为生发打下根基

头发的健康程度与肠内环境有着很大的关系。

所谓"肠道处于良好状态"，就是指肠道菌群处在一个良好的平衡状态中。肠道细菌为食物的消化提供必要的营养，并能制造出生命活动与生发过程中所需要的成分。

实际上，生发所需的部分维生素也是由肠道细菌合成的。

为了保持肠道细菌的良好状态，摄入膳食纤维是必不可少的，因为膳食纤维是肠道细菌的"饲料"。

以前经常有"吃裙带菜和海带有利于生发"的说法，但现在医学上认为，这种说法是没有依据的。但是，海藻类食物中含有丰富的水溶性膳食纤维，它们是肠道细菌的最爱。另外，海藻中富含对头发健康十分重要的铁、锌等矿物质。所以，多多食用裙带菜、

海带、海苔、羊栖菜等海藻吧！山药、芋头、纳豆等黏滑的食物也是不错的选择。

　　不可溶性膳食纤维也能帮助我们把肠内的残渣形成粪便排出体外，从而维持良好的肠内环境。

　　香菇、滑菇等蘑菇类，四季豆、毛豆等豆类，芝麻、栗子等也含有很多不可溶性膳食纤维，可以经常食用，使肠道和头发充满活力。

膳食纤维
可以调节
肠道细菌

含有大量的
矿物质

为生发
打下根基
的海藻

推荐食用
天然晾晒的

体寒的人要避免饮用啤酒和威士忌

网络上到处流传着"酒是导致头发稀少的原因"这样的说法。

但是我认为，只要饮用的方式恰当，酒也是可以帮助我们生发的。

其实我几乎每天晚上都喝酒，但我从未觉得酒使我的头发失去了活力。因为适量的酒精可以促进血液循环，同时可以使人精神振奋，减轻压力。

另外，下酒菜主要以蛋白质和蔬菜为主，可以更加健康地享用美酒。

喝多少酒才算"适量"呢？一个判断标准是：如果头一天喝完酒，第二天早上醒来时感到口渴，那就说明可能喝多了。

会给身体带来寒气的酒	可以暖身的酒
• 啤酒	• 日本酒
• 烧酒	• 葡萄酒
• （加了苏打水和冰块的）威士忌	• 白兰地

我们的身体在分解酒精时会流失大量的水分。为了维持身体正常的代谢功能，每喝完一杯酒后最好再喝点水。

而容易体寒的人要尽量避免饮用啤酒和威士忌。这两种酒在饮用时通常需要冰镇或加冰块，会直接给内脏带来寒气。

此外，以大麦为原料的啤酒、烧酒、（加了苏打水和冰块的）威士忌本身也会给身体带来寒气。

而以大米为原料的日本酒，以及以葡萄为原料的葡萄酒、白兰地则可以暖身。容易体寒的人如果想生发，就选择喝一些日本酒和红酒吧！

特别是，日本酒中还富含头发所必需的磷酸腺苷和氨基酸。推荐身材苗条、体质偏寒的人饮用。

营养补充剂只在需要补充营养时服用

所谓营养补充剂，本来就是在营养不足时用来补充营养的东西。

在日常饮食中偏爱糖分含量高的食物和加工食品等不利于头发生长的食物的人，应当首先改正之前的饮食习惯。

别再以为"就算偏食，但只要服用了营养补充剂就万事大吉了！"

另外，有些食物中可能含有一些尚未被阐明的营养成分，其与其他食物相互配合，便可发挥出 1+1 > 2 的效果。

所以，单独补充某一种营养成分，就最好不要期待它能产生与食物同样的生发效果。

话虽如此，在每天忙碌的生活中，我们也难免有忽略健康饮食的时候。

在身体的营养不足时如果需要补充营养，

那么服用营养补充剂是非常有效的手段。

身体从食物中吸收到的营养成分首先会输送到生命活动所必需的地方，而向头发、皮肤、指甲等部位的输送顺序则会靠后。

因此，当头发已经出现症状时，通过营养补充剂来补充不足的营养，很多时候症状能够得到改善。

本书从第 134 页开始将会列出能够改善头发状态的营养补充剂。

请在注意饮食习惯的同时，尝试服用一些营养补充剂吧。

可改善头发状态的营养补充剂推荐

多种矿物质

　　人体必需的矿物质有 16 种，可以分为每天需要摄入 100 毫克以上的常量矿物质以及每日摄入量远低于 100 毫克的微量矿物质。

　　在 7 种常量矿物质和 9 种微量矿物质中，那些容易摄入量不足的矿物质需要通过服用多种矿物质补充剂来进行补充。

　　经常吃加工食品，或者膨化食品、软饮料、方便面等食品的人，容易陷入矿物质不足的状态，所以需要补充多种矿物质。

多种维生素

目前，被正式认定为"维生素"的物质共有 13 种。

它们大致可以分为"水溶性维生素（8 种 B 族维生素和维生素 C）"和"脂溶性维生素（维生素 A、维生素 D、维生素 E、维生素 K）"。

水溶性维生素易溶于水，会以较快的速度排出体外。

脂溶性维生素易溶于油，如果摄入过量，会在体内堆积。

市面上销售的多种维生素补充剂，成分以水溶性维生素为主，配合添加了维生素 E、维生素 A 等脂溶性维生素。

因为忙碌而饮食不规律的人，以及经常在外就餐的人可以多服用一些此类产品。

氢

在头皮细胞中，以及与生发有着密切关联的血管等部位中，存在着一些有害的活性氧，而氢具有较强的抗氧化能力，可以清除这些活性氧。

但是在日本，对于营养补充剂的标准并没有明确的规定。特别是氢补充剂，产品的价格和质量都参差不齐，很难分辨出哪些是优质产品。

作为一个备选项，我比较推荐吸附了氢的珊瑚钙产品，这样可以保证稳定的氢供给量。另外，珊瑚钙中含有多种矿物质，它们可以与氢一起作用，为人体补充那些容易摄入不足的矿物质。

一般来说，有很多营养补充剂产品会将碳酸钾、柠檬酸钾、硬脂酸钙等混合在一起，使其产生氢。这种营养补充剂虽然能够在瞬间产生大量的氢，但是持续时间较短，还是不要服用为好。

市面上有很多能够补充氢的富氢水产品，但其中氢的含量很少，不要期待它们能有多少效果。

＊一般的营养补充剂会设定"营养所需量"，其中包含了最低限度的必需剂量，就算大量服用也不能增强生发效果，所以还是适量补充吧。

能增强肾脏功能的食物种类

　　本书曾在第 1 章的"让头发充满活力的十个要点"中提到，若要从身体内部滋养头发，关键在于"肾脏"。

　　接下来将为大家介绍一下，哪些食物可以增强肾脏的功能，从而使头发充满活力。

　　坚果类：松子、枸杞、大枣、石榴、核桃等

　　黑色食物：黑豆、黑米、黑木耳、黑芝麻、海藻类

　　有黏性或涩味的食物：山药、莲子、银杏、牡蛎

　　温性食物：虾、生姜、韭菜等

　　咸味食品：天然制法的盐、海苔、海带，以及其他的海藻类

这些食物可以增强肾脏的功能，让你的头发更健康。

如果想要有效生发，就请有意识地食用这些食物吧！

你 "怕 热" 还是 "怕 冷" ?

除了肾脏之外,对头发影响较大的健康指标就是体温。

体温过高或过低都会妨碍头发的生长(见第36页)。自觉有 "怕热" 或者 "怕冷" 倾向的人,可以根据情况有意识地食用以下几种食物。

怕 热 型	怕 冷 型
☐ 眼部和皮肤容易干燥	☐ 夏天也手脚冰凉
☐ 盗汗	☐ 脸色苍白
☐ 只有脸部发烫	☐ 天气一冷,关节就疼
☐ 怕热(不耐热)	☐ 舌头整体上偏白
☐ 血压高	☐ 怕冷(受不了空调)

● 给 "怕热型" 人推荐的食物

"怕热型" 人要有意识地多吃能够增强肾脏功能的食物,同时,也要减少食用那些推荐给 "怕冷型" 人的食物。

寒性食物:一般认为,这些食物具有较强的使身体变 "寒"

的功效。通过与凉性食材的搭配，可用于夏季的体温调节。

→ 螃蟹、花蛤、蚬子、文蛤、海藻类、番茄、苦瓜、香蕉、西瓜、盐、黄油

凉性食物：具有使身体变"寒"的功效。但比起寒性食物，功效更加温和。

→ 鸭肉、黄瓜、生菜、茄子、菠菜、青梗菜、水菜、芹菜、小油菜、秋葵、豆腐、苹果、梨、草莓、橘子、荞麦面、薏米、蛋白、绿茶、麦茶

• 给"怕冷型"人推荐的食物

"怕冷型"人要有意识地多吃能够增强肾脏功能的食物，同时，也要减少食用那些推荐给"怕热型"人的食物。

热性食物：暖身的功效较强、有驱寒效果的食物。

→ 羊肉、肉桂、辣椒、胡椒、黄芥末

温性食物：虽有暖身效果，但比起热性食物，功效更加温和。

→ 沙丁鱼、鲑鱼、青花鱼、竹荚鱼、虾、南瓜、葱、紫苏、韭菜、鸭儿芹、菜心、香菜、大蒜、生姜、阳荷、罗勒、纳豆、桃、樱桃、栗子、味噌、茉莉花茶

● 给"中间型"人推荐的食物

在优先选择适合自己类型的食物的同时，也可以选择以下中性食物。

中性食物：既不会使身体变冷，也不会使身体变热。即使经常食用，也不容易对身体造成产生某种倾向的影响。

中性食物能够缓和其他食物的热性与寒性，也容易与其他食物进行组合。

→ 牛肉、猪肉、秋刀鱼、鲣鱼、鳕鱼、鳗鱼、扇贝、卷心菜、胡萝卜、白菜、茼蒿、西蓝花、玉米、嫩豌豆、毛豆、花生、黑豆、大豆、红豆、香菇、葡萄、菠萝、大米

另外,如果你不属于明显的"怕冷"或"怕热"类型的人，便无须太过注意食物的选择。因为身体会根据当时的状态，优先吸收必要的营养。

给不同体温类型的人推荐的食物

分 类	怕热型	怕冷型	中间型
肉类	● 鸭肉	● 羊肉	● 牛肉 ● 猪肉
鱼类 · 海藻类	● 螃蟹 ● 花蛤 ● 蚬子 ● 文蛤 ● 海藻类	● 沙丁鱼 ● 鲑鱼 ● 青花鱼 ● 竹荚鱼 ● 虾	● 螃蟹 ● 花蛤 ● 蚬子 ● 文蛤 ● 海藻类
蔬菜 · 豆类 · 菌类 · 水果	● 番茄 ● 苦瓜 ● 香蕉 ● 西瓜 ● 黄瓜 ● 生菜 ● 茄子 ● 菠菜 ● 青梗菜 ● 水菜 ● 芹菜 ● 小油菜 ● 秋葵 ● 豆腐 ● 苹果 ● 梨 ● 草莓 ● 橘子	● 南瓜 ● 葱 ● 紫苏 ● 韭菜 ● 鸭儿芹 ● 菜心 ● 香菜 ● 大蒜 ● 生姜 ● 阳荷 ● 罗勒 ● 纳豆 ● 桃 ● 樱桃 ● 栗子	● 卷心菜 ● 胡萝卜 ● 白菜 ● 茼蒿 ● 西蓝花 ● 玉米 ● 嫩豌豆 ● 毛豆 ● 花生 ● 黑豆 ● 大豆 ● 红豆 ● 香菇 ● 葡萄 ● 菠萝
其他	● 盐 ● 黄油 ● 荞麦面 ● 薏米 ● 蛋白 ● 绿茶 ● 麦茶	● 肉桂 ● 辣椒 ● 胡椒 ● 黄芥末 ● 味噌 ● 茉莉花茶	● 大米

＊带颜色的食物具有更好的让身体变冷／变热效果。

＊本书严格挑选了作者认为有效的食物推荐。

请以这些食物为基础，并配合下文介绍的"诀窍"来打造营养均衡的日常饮食习惯吧！

有利于养发的菜单推荐

在这里，本书将为大家介绍有助于生长出健康头发的养发菜单。

早餐篇

日 式 料 理

纳 豆 饭

→ 异黄酮被认为有抑制脱发的效果，所以请多吃一些豆制品吧！

→ 关于米饭，用杂粮或胚芽米等做成的米饭比白米饭（精米）的营养更加丰富，膳食纤维也更多，推荐经常食用。而玄米会增加消化系统的负担，胃不好的人还是少吃为好。

→ 推荐加入含有维生素 E、维生素 K、抗氧化成分多酚的橄榄油。

我在吃纳豆饭时，还会添加芝麻和七味辣

椒粉。芝麻中富含钙、镁、锌等矿物质以及维生素 B₁、维生素 B₂、维生素 B₆ 等维生素。而辣椒粉中的辣椒素可以促进头发生长周期的循环。

＊在配菜中，推荐含有异黄酮的味噌汤、富含蛋白质的鱼干和鸡蛋，以及富含维生素 A 和钙等矿物质的海苔，等等。

西 式 料 理

小 沙 丁 鱼 吐 司
（在面包上放上小沙丁鱼和芝士，撒上胡椒进行烘烤）

→ 构成头发的主要成分是角蛋白，而构成角蛋白的氨基酸之一是蛋氨酸。小沙丁鱼富含大量蛋氨酸，是帮助生发的优质食物。

→ 配料是富含蛋白质和矿物质的芝士。

→ 选择面包时，比起白色的松软面包（精面），更加推荐使用全麦粉和黑麦等的茶色面包。

西 式 料 理

鸡 肉 咖 喱

做法十分简单!

① 先炒一下自己喜欢的蔬菜，比如洋葱、胡萝卜等。

② 将蔬菜盛出备用，将鸡肉放入平底锅中煎烤。

③ 将炒好的蔬菜倒回平底锅中，加入适量的水（往高汤中加入海鲜汤汁，味道会更加浓郁），咖喱酱的量要稍微少一些。

④ 加入喜欢的香料进行调味。鸡肉中含有丰富的有助于生发的氨基酸，还含有大量的维生素 B_2、维生素 B_6、烟酸等，有助于改善头皮环境。

＊本书将从第 150 页开始列出有利于生发的香料清单。同时使用多种香料，而非只使用某一种，味道才会更加纯正。不过，丁香的香味很浓，所以要少放一些。如果喜欢香菜、肉豆蔻、孜然的味道，

可以多放一些。另外，在咖喱中加入香气浓郁的肉桂和姜黄，也能使味道更加富有层次。生姜和大蒜也可根据个人喜好来添加。

西 式 料 理

纳 豆 芝 士 蛋 包

① 向平底锅中倒入橄榄油并加热，然后倒入拌有酱油的鸡蛋和纳豆。

② 在鸡蛋凝固之前，将融化后的芝士全部放入，并整理鸡蛋的形状。

→ 纳豆含有丰富的异黄酮，搭配芝士与鸡蛋食用，可以充分补充蛋白质，是非常理想的下酒菜！

葱 花 韭 菜 蒸 蛋

① 一人份的蒸蛋：在适量的日式高汤粉末中加 100 毫升水，然后打入一个鸡蛋。

② 加入剁碎的葱花和韭菜后搅匀，放入微波炉中加热约 10 分钟（请根据具体情况调整时间）。

→ 韭菜中的维生素 A、维生素 B₁、维生素 B₂、维生素 E 等含量十分均衡，大葱也含有维生素 B₆、维生素 C、叶酸等。而这两种蔬菜的独特香味的来源是大蒜素，它可以改善血液状态，促进血液循环，维持头皮健康。

葱 炒 糖 醋 鸡 肉

① 鸡肉去皮，切成厚 1 厘米左右的肉片，然后将醋和寿司醋按照自己喜好的甜度进行混合，与肉片搅拌均匀。

② 放置几分钟后，在肉片上滴上酱油，摆上葱花，用微

波炉加热 5 分钟。

③ 撒上一些葱末和姜末做作料，味道也不错。

鸡肉吃起来经常会感到有些柴，但是加入醋之后就会变得柔软许多。

也可以根据个人喜好淋上些香油。

有利于生发的香料清单

肉桂

据说肉桂扩张毛细血管、提高体温的效果比生姜还要好，在中医里也经常被使用。另外，肉桂还有助于新血管的形成。

丁香

丁香可以增强胃的功能，使其更加富有活力，也可作为有抗菌作用的中药使用。

肉豆蔻

肉豆蔻有助于健脾暖胃，促进发汗。它还有调整肠道环境的作用，也会被用作中药。但每天的摄入量要控制在 3~9 克，超量的话其中含有的肉豆蔻醚有时会引起幻觉和幻听。

胡椒

胡椒有助于温暖肠胃，能够有效促进消化和血液循环，也会被用于药膳中。但要注意不要食用过多，否则会刺激肠胃黏膜。

孜然

孜然是咖喱中不可缺少的香料之一。它有增强肝功能、促进肠内气体排出、助消化的作用，也被用于药膳中。

姜黄

姜黄的主要成分姜黄素能增强肝功能，增强代谢，在中医里也经常被使用。混合到咖喱中以后，苦味就不明显了。

香菜

香菜具有暖身、发汗、促进消化、促进血液循环、抗氧化的作用，也被用于药膳中。

茴香

茴香有助于暖身、促消化，但不适合患有高血压和有上火症状的人食用。据说它有美肤效果，也被用作化妆品和医药品。其种子也被用作中药。

生姜

生姜具有暖身和发汗效果，所以能很好地将热量排出体外，也被用于中药和药膳中。

小豆蔻

小豆蔻具有助消化、抗炎、发汗的作用。其主要成分乙酸松油酯能够促进胆汁分泌，帮助消化。

参考文献

喻静、植木桃子主编《药膳·汉方食材与搭配手册（增订版）》，西东社，2018 年

Yomeishu《"香料女王"——小豆蔻的功效和 3 种推荐使用方法》，https://www.yomeishu.co.jp/health/3922

迷你专栏

印度人中几乎没有发量稀少的？

据世界上有关头发稀疏率的调查结果显示，按照百分比由高到低，排在前几位的几乎都是欧美发达国家。日本是亚洲国家中的第一位，其他亚洲国家的头发稀疏率都很低。调查结果还显示，印度很少有人发量稀少。结合实际去印度旅行过的人们的见闻，印度虽然有一些老年人会出现秃顶，但那些三四十岁的中年人，很多都保持着一头浓密茂盛的头发。

我认为造成这种现象最主要的原因，就是印度人在日常饮食中会食用含有大量香料的咖喱。印度咖喱所使用的香料中，很多都有促进血液循环、提高新陈代谢率的功效。它们能使人的头皮和发根富有活力，也能促进头发的生长。尽管咖喱是日本人经常吃的食物，但日式咖喱中的香料较少，虽然味道温和，但生发效果差。

所以下次吃咖喱时，不妨试试将几种香料进行混合，吃一次正宗的"印度风味生发咖喱"吧！

第 **4** 章

让头发
更加有活力的
"诀窍"

只需一点点诀窍就能带来更好的效果！

本书在第 1 章中介绍了"让头发充满活力的十个要点";

第 2 章介绍了"让头发更健康的洗发方法和头皮按摩法";

第 3 章介绍了"让头发充满活力的饮食";

在第 4 章中,本书将向大家介绍更多有利生发的诀窍,只要在生活中稍微注意一下,头发就能变得更有活力。

早上起床出门→结束一天的工作→晚上回家睡觉。

这是我们每天的生活节奏。在这样的节奏中,只需稍微有意识地去做一些事情,就能让你的头发一下子充满活力。这其中是有诀窍的。

比如同样是睡 7 个小时,从晚上 11 点睡到早上 6 点，和熬夜到凌晨 2 点，然后睡到上午 9 点，对身体代谢的影响是不同的。

同样是使用生发剂，只需在使用之前加一个小步骤，其效果就会大不相同。

在染发时，只要掌握接下来介绍的要点，就能大大减少头皮损伤。

此外，大家每天都会泡澡，偶尔还会去洗桑拿。用正确的方法做这两件事，对头发和头皮都会有更好的保养效果。

本章将对"让头发更加有活力的诀窍"进行介绍，其中提到的护理方法，每个人都能轻松搞定。

请一定要从力所能及的事情开始，运用各种诀窍保持头发与头皮的健康。

早睡有利于头发的生长

现代社会中，人们每天总是忙忙碌碌，于是睡觉的时间便在不知不觉中越来越晚。

很多人会有"少睡一会儿也没关系""休息日再补觉"等想法，但为了更好的生发效果，还是每天晚上 12 点前睡觉为好。

我们的身体会在睡觉时进行身心上的保养。当然，生长头发的细胞也会在此期间修复损伤，从而促进头发的生长。据说，此类细胞最活跃的时期是晚上 10 点到凌晨 2 点。

因此，如果在这个时间段内不睡觉，身体便无法进行正常的新陈代谢，对头发的生长也会产生不好的影响。另外，如果没有在固定的时间入睡的习惯，身体自主神经的平衡就容易被打乱。这样一来，血液循环就会减弱，身体的激素平衡也会被破坏，对头发和头皮健康都不好。

但是，如果平时都是深夜才睡，突然有一

天决定"今天要10点睡觉"的话，那么即便躺到床上也会睡不着吧？这时，就要先试着连续早起几天。如果连续几天早上五六点起床，到了晚上自然就会困得早了。

所以说，不是"早睡早起"，而是要"早起早睡"，这是一个能够轻松改变入睡时间的诀窍。

而且，某一天的多睡是无法弥补平时的睡眠不足的。即使在休息日睡很长时间，也无法弥补这一周里头发的迟缓生长。每天好好睡觉，才是头发稳步生长的诀窍。

晚上10点
～
凌晨2点

头发和头皮的
保养时间

睡觉的时候，头发的损伤会被修复，同时头发的生长也会被促进

出乎意料！枕头的选择也十分重要！

很多人在一天之中有大约三分之一的时间都是躺在床上的。

选择适合自己的枕头，可以将这 6~8 个小时的时间变成"长头发的时间"。虽说如此，买的枕头睡醒后导致颈部不适的情况却出人意料的多。

枕头不合适会导致脖子酸痛，头部的血液循环与淋巴循环都会变差。此外，头部姿势不好会妨碍呼吸的顺畅，从而影响睡眠质量，并妨碍眼睛疲劳的恢复和自主神经的调整。

经营治疗院的小林笃史先生曾帮助很多人解决了颈部问题。他说，选择枕头的最大要点是"容易翻身"，因此就要重视枕头的"材质""硬度"和"高度"。

太过松软的枕头，睡觉时头会沉到枕头中去，翻身就比较困难。

但若枕头太硬也会感到不舒服，所以要选择一个适合自己的硬度。

睡觉时保持脸部线条呈水平状态，便不会给脖子造成负担，也不会妨碍到自然呼吸。

除了颈部曲线，枕头还要适合自己头部的大小、形状，也要适合自己的体形，所以按理来说，每个人适合的枕头是不一样的。

为了生长出有活力的头发，可以尝试一下不同材质、硬度、高度的枕头，最终确定哪种材质能让自己一夜安眠，并能使自己在醒来时心情愉悦。

枕头太高时

- 明明是在躺着睡觉，结果却成了驼背
- 给颈部前侧造成负担

⇓

给咬肌、颞肌造成负担

枕头太低时

- 开始用嘴呼吸
- 鼻子容易堵塞
- 给颈部后侧造成负担

⇓

影响身体的自主神经

电脑显示屏调整到与视线齐平的高度

与肩部僵硬、腰痛等不同，"颈部僵硬"并不容易让人感到疼痛与不适。

现代人从早到晚都对着电脑，即使是休息时也会看手机，于是不知不觉中就会长时间保持低头的姿势，从而造成颈部僵硬。

而脖子是将血液和淋巴液输送至头部的唯一通道。

因此，颈部僵硬可能会引发血压不稳定、提不起精神等各种不适症状。

颈部有掌管自主神经功能的重要神经节，如果颈部僵硬，自主神经的平衡就会被严重扰乱。

其实，我也曾经在一段时间内出现过不明原因的持续低烧，跑了好几家医院都没治好。最后我换了枕头，并把电脑屏幕的高度调整到了不需要低头就能看到的位置，这才退烧。

此外，很多患有斑秃的人颈部都会非常僵硬，而只要缓解一下颈部的僵硬症状，斑秃就会有惊人的改善。

市面上有很多放置平板电脑的支架，建议经常使用电脑的人使用。利用这种支架，可以将电脑屏幕的高度调整到与眼睛同一水平线的位置，从而避免长时间低着头。

此外，使用手机时也要注意尽量不要长时间低着头。

这样看电脑屏幕需要往前探脖子，要避免

使用立式办公桌或者独立键盘，来保持视线与屏幕在同一水平线上

利用零碎时间深呼吸，可以促进头皮血液循环

如果满脑子都在想那些需要做的事情，或者很在意的事情，人的交感神经就会占上风，从而导致肌肉僵硬，向身体末端输送的血液便会减少。对于这种情况，有一个随时随地都能轻松进行的改善方法，它可以调整自主神经平衡，促进头皮血液循环。这个方法就是"深呼吸"。

具体来说，就是先用鼻子吸气 4 秒钟，然后用嘴慢慢呼气，持续 6 秒钟。然后重复这个动作，直到情绪变得很平静。同时，还可以有意识地鼓起、凹下肚子，进行腹式深呼吸。

接下来再介绍一种可以促进血液循环，并调整自主神经平衡的呼吸方法。

先堵住右侧鼻孔，只用左侧鼻孔慢慢吸气。然后屏住呼吸几秒钟，接着再用左侧鼻孔呼气，呼气的时间要比吸气的时间长。这样做完后，再换另一侧的鼻孔继续以上步骤。

只用一侧的鼻孔进行呼吸时，会生成大量的一氧化氮，这是一种能使血管扩张的物质。此外，使用左侧鼻孔呼吸可以激活右脑，使用右侧鼻孔呼吸可以激活左脑。两侧交替进行，能够有效促进头皮整体的血液循环。

睡前在床上进行深呼吸也会非常有效。

当你开始对第二天要做的事情思来想去时，请先停下来，进行几次深呼吸吧！

用鼻子吸气4秒钟，然后用嘴呼气6秒钟，毛细血管便会得到放松和扩张

九成头皮屑和头皮瘙痒可以涂抹保湿乳液改善

头屑大致可以分为"干燥的小块头屑"和"黏稠的大块头屑"。产生"干燥的小块头屑"的原因就是头皮干燥。

而产生"黏稠的大块头屑"的原因有两种情况，一种是头皮本来就呈油性，另一种是由于过度清洁皮脂，结果反而导致身体分泌出过多皮脂。但根据我以往的经验来看，头皮本来就是油性的人只占 1~2 成，剩下的 8~9 成都是洗头时清洁过度造成的。

有头屑烦恼的人，在家就可以通过一些方法进行改善。比如按照本书中介绍的方法来选择洗发水，以及采用我们介绍过的方法来洗头。然后可以使用第 168 页中介绍的"生发乳液"进行保湿，缓解头皮干燥。此外，有头皮瘙痒烦恼的人也可以通过使用生发乳液来达到保湿效果。引起头皮瘙痒的原因包括皮脂过剩引起的炎症、真菌引起的炎症、过敏引起的炎症和头皮干燥等。

皮脂分泌过剩大部分都是由清洁过度引起的，所以，试着更换洗发水，改变洗头方法，然后配合使用生发乳液吧！但是真菌引起的炎症则需要使用含有抗真菌成分的洗发水来抑制其活动。如果症状在两周后得到缓解，便可以和普通洗发水每隔一天交替使用，或者每天在洗第一次时使用抗真菌洗发水，洗第二次时用普通洗发水。而如果是过敏引起的炎症，就要停用可能引起过敏的产品。

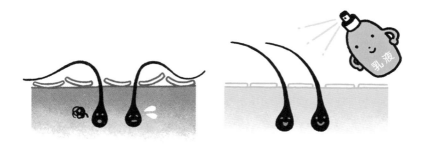

过剩的皮脂和干燥的头皮

这时可以用乳液来保湿！九成的头皮屑和头皮瘙痒可以用保湿乳液改善

自制生发乳液的方法

我们知道，对头皮进行保湿可以增强头皮的屏障功能。

水分充足的头皮会变得柔软，收缩的毛孔也会变得容易舒张。

另外，保湿还能抑制过剩的皮脂分泌，减少出现头屑和瘙痒的情况。接下来将为大家介绍如何自制生发乳液，通过保湿来帮助头发生长。

原料只需要以下两种：

- 矿泉水 100 毫升

- 植物性甘油四分之一 ~ 二分之一茶匙

植物性甘油可以在药店买到。

将这两种材料放入喷雾器中，充分搅拌混合。

注意：如果甘油放太多会感觉黏糊糊的，所以请控制好用量。

这种自制的生发乳液主要在洗发之后使用，将它喷在头皮上即可。

如果使用市售含有酒精的生发剂，请先在洗头之后用自制生发乳液进行保湿，然后再将生发剂涂抹在头皮上。

先进行保湿步骤不仅能调整头皮的状态、减少生发剂的刺激，还能让生发剂更好地发挥作用。

另外，水是生发乳液的基础原料。用富含矿物质的温泉水来制作，能为头皮补充相应的营养。

白发较少的人要选用质地温和的染发产品

一般来说，染发剂中含有的氧化染料如果沾到头皮上，很有可能刺激到头皮并引起发炎。因此为了头发和头皮的健康，应尽量不要染发。

但如果实在介意白发，推荐用酸性染发剂或指甲花来染。

白发还没那么多的人，请先试一下这两种方法。

主要是因为这两种方法对头发和头皮都没有太大伤害。

不过，酸性染发剂只是在头发上涂一层，作用比较温和。而指甲花虽说是植物成分，但也有人会出现过敏反应，所以最好在染发前先在皮肤上进行小范围的测试。

特别是靛蓝这种香草，它可以使指甲花的红褐色转变为深棕色，但有很多人会对它过敏，所以一定要事先测试一下。

我在做美发师的时候曾经接待过很多咨询者。从以往的经验来看，如果用化学产品染发，那么染发剂的颜色不仅会渗入白发中，也会渗入到黑发之中，因此发根长出来后会明显地呈现出 "白色、黑色、染过的颜色" 三个层次，于是不得不频繁地继续染发。而每个月频繁染发会给头发、头皮都造成负担，最后导致发丝变细。

但如果使用酸性染发剂或指甲花，那么包括白发在内，全部头发都将呈现淡淡的颜色，所以无须太过在意发根。

有些人觉得指甲花 "只能染成橙色，我不喜欢"。但其实将指甲花、靛蓝以及其他植物性染料进行混合，就可以调出深色。另外，如果用指甲花染发，颜色稳定下来需要一周左右。

染发的时候要这样跟美发师说|

如果白发太多，那么酸性染发剂和指甲花都无法遮盖。

当必须染发，或者想要一个鲜艳时尚的发色时，也有方法能够将染发对头皮的损伤降到最低。

那就是只染到发根上方的几毫米处，不让染发剂粘到头皮。

在美发店染发时，请对美发师说"不要染到发根"或者"请按照酸性染发剂的染发方式来涂药水"。

这并不是什么特别的技巧，所有美发师都能做到，所以不必感到不好意思，直接告诉对方就可以。

当然，频繁染发对头发的损伤是不可避免的，但这样做可大幅降低出现头皮发痒和发炎的可能性。

另外，近年来，很多理发店在为客人做染发和烫发时都会给头皮涂抹保护剂。

所以在染发时可以跟美发师确认一下，对方是否使用了这样的头皮保护剂，或者能否用"不染到发根"的方式来染发。

请为我涂上保护剂！

把爬楼梯当作"促进血液循环的好机会"

为了将血液输送到位于身体末端的头皮毛细血管中，让身体动起来是非常有效的方法。

虽说如此，但如果我建议大家"每天跑×分钟""每周进行三次肌肉锻炼"，想必在繁忙的日常生活中，能做到的人没有几个。

而且，如果勉强自己"无论如何都要锻炼"，也会给自己造成压力。

在现代人的生活中，大家让身体动起来的机会普遍较少，所以必须有意识地增加走路的路程，提高活动身体的频率。建议大家去车站、办公室等地方时，用爬楼梯来代替坐电梯。以前看到楼梯就会下意识绕开的人，今后可以把爬楼梯当成"促进血液循环的好机会"，积极主动地爬一下吧！

如果盯着电脑和手机屏幕的时间太长，可以站起来做做伸展运动，或者去附近的便利店散散步，顺便转换一下心情。

　　另外，有很多在家就能做的瑜伽动作和简单的运动视频，请按照自己喜欢的方式，让身体多多动起来吧！

　　但是如果运动给身体增加过多的负担，体内产生的活性氧就会增加。所以，把运动量控制在让自己感到"开心"和"舒服"的程度，会对生发有好处。据说过度的肌肉锻炼会使雄性激素更加活跃，从而导致雄激素性脱发（AGA），所以运动要适度。

作者推荐！让头发充满活力的腰大肌走路法

走路时要有意识地用到脚跟

充分利用泡澡和桑拿

泡澡和桑拿也是促进头皮血液循环、让头发健康生长的好机会。

泡澡的温度无须太高，38~40℃即可。泡到胸口的半身浴给身体造成的负担较轻，可以促进体内的血液循环。

身体容易发冷的人可以泡 20 分钟以上，借此来温暖身体、激活副交感神经。但如果你担心自己的血压，也可以把时间控制在 10 分钟左右。近年来，桑拿浴也开始流行了，想要生发的人也可以多去。

桑拿浴和泡澡一样，除了能促进血液循环，还能通过出汗使毛孔张开，使那些平时用洗发水洗不掉的污垢变得更容易清洁。

洗完桑拿后，体内的血液循环会加快，毛孔也会张开。但如果这时使用了含有"高级醇"的洗发水，那么生发效果就会减半。

洗桑拿时可以自带洗发水。如果没带，可以直接用热水冲洗干净。

此外，在洗桑拿时，没必要勉强自己去忍受高温，待上几分钟即可，出汗后就可以离开桑拿室休息，并补充水分。

另外，担心血压问题的人可以先泡澡，让身体稍微暖和一点儿之后再去桑拿室。但不要在出来之后马上就用冷水冲，要避免温度的剧烈变化。

38~40℃的半身浴

烟能戒就戒掉吧

抽烟会导致头皮环境恶化，容易掉头发，且不容易长头发。

香烟中含有 200 多种有害物质，抽烟给头皮带来的最大伤害是血管收缩，从而导致血液循环变差。

不仅如此，香烟中含有的一氧化碳还会与血液中的血红蛋白相结合，从而减少氧气的输送量，降低血液质量，导致头发所需的营养供应减少。

另外，香烟中含有的尼古丁会使血管收缩。如果对尼古丁产生依赖，那么一旦尼古丁失效，人的注意力就会下降，变得焦躁不安。

对想要"增加发量""让头发充满活力"的人来说，抽烟很有可能是阻碍头发生长的重要原因之一。

我以前也抽烟，所以很清楚戒烟是很难的。但是，戒烟不仅是为了头发和头皮的健康，更是为了整个身体的健康。所以能戒就戒掉吧！

但是，如果实在控制不住因不吸烟而引起的烦躁，或者没有其他消除压力的方法，那么就要尽量减少抽烟以外的对头发造成伤害的因素，并多多培养有利于生发的习惯。

氢补充剂可以减少有害的活性氧含量，经常喝一喝也是不错的选择。

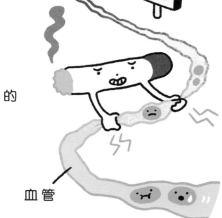

血管收缩，头皮的血液循环不畅！

血管

179

不要被新奇的生发成分迷惑！

很多人都会认为新奇的东西"最新鲜、效果最好"。

以减肥为例，以前曾流行过"黑醋减肥法"。但是现在再提"黑醋减肥法"，大部分人会不屑一顾，觉得"这个已经过时了"。

黑醋本身含有人体必需的氨基酸，是营养价值很高的食品，其中的柠檬酸等有机酸、维生素、矿物质等的含量也很丰富。对健康的饮食生活来说，它是非常优秀的食物。

但是，很多人吃腻了黑醋之后就会转而投入豆浆曲奇的怀抱，或者每日为了控制糖分的摄入而努力。

与此相比，重新审视每日摄入的"五大营养素"的质量、改变饮食方法等事情，虽然这些乍一看只是小事，但如果坚持下去，减肥效果会更加显著。

生发也是同样的道理。

为了提高体温而努力让身体动起来，或是为了促进代谢而多喝水，这些事情都无法让你在第二天早上焕然一新，长出一头蓬松茂密的头发。

但是，与其盲目追求新奇的生发成分，还不如切实地把体质改变为容易生发的类型，从而更有效地解决头发问题。

**不要被新奇的生发成分迷惑
首先要重视生发的基础**

后　记 >>

感谢您阅读本书。

我见过很多因头发问题导致生活态度和性格出现改变的人。

因为头发问题产生的不安会使人心情低落，甚至连生活态度和表情都会变得消极起来。

我是那种能够通过探究缘由来减轻内心不安的人。了解相关的知识，将因为不安而消耗掉的能量转换为积极的能量，就能获得幸福的感受。

我也曾经有过同样的不安，希望我的经验能帮助到更多的人。

最后，请允许我介绍一下对本书的编写作出贡献的人。

- **PULA 水疗护发专门店的各位顾客和各分店店长**

"PULA 法"是我创立的水疗护发专门店中所使用的凝聚了独家技术与知识的方法。

各位分店店长在掌握这一方法后，与我通力合作，深入日本各地积极开设分店。如今我们已经扩展到了关东、关西、东海等地区。

与创业时独自经营门店相比，现在的我吸收了各分店店长的意见与实操经验，成长可谓飞速。

为了帮助各位顾客解决烦恼，店长们每天都会向我提出各种各样的问题。我们一起在反复思考的过程中，将其用语言形式呈现出来，这在本书中多有体现。

各分店店长作为合作伙伴加入了我的团队，顾客也十分期待来店里进行体验。

这些良性循环的形成离不开各分店店长的努力，以及顾客的支持，他们使 PULA 获得了成长的力量。

- **小林笃史先生**

著作《10 秒钟治好驼背！》（牧野出版）

小林先生帮助本书完成了选择枕头方法的说明。

我们需要熟悉身体构造的专家，小林先生在这方面为我们提供了很多帮助。

● **普拉提教练　武正先生**

2015 年左右，我长期受到腰痛困扰。虽然每周会进行数次按摩治疗，但一直未能治愈。

而武正先生告诉我躯干运动可以改善疼痛，后来通过亲身体验，我发现腰痛确实改善了。改善它的正是运动训练，而非按摩治疗。

钻牛角尖是很可怕的，当时的我深信，只有通过治疗才能改善腰痛。

可正是通过自己的实际体验，我拓宽了自己的视野，也认识到要改善头发状况，就不光要改善头皮和毛孔，调整"身体内部"的环境也是十分重要的。

- **城山熊野神社**

这是一家位于东京都板桥区的神社。

我很重视去神社进行参拜。机缘巧合之下，我得知了城山熊野神社的由来，并找机会去进行了参拜。

虽然灵验效果各有不同，但只要诚心表达了净化身心的愿望，就能感到心情舒畅。各位有机会的话可以去一趟。

- **生产土鸡蛋的养鸡场　Daichan 农场　高桥雄三先生**

在埼玉市的见沼稻田中，高桥先生与残障人士一起养鸡。这些鸡在饲养时不使用抗生素等药剂，饲料的选择也十分讲究。生产的鸡蛋会用于销售。

我从未吃过这么好吃的鸡蛋。一些志愿者和非营利组织的合作者被高桥先生的做法感动，他们向高桥先生提供了帮助，鸡蛋的产量得以提高。而我也想为高桥先生他们打打广告，所以请允许我在这里介绍一下他们。

- **武藏逍遥骑马会　相川悟先生**

这是一家位于埼玉县东松山市森林中的牧场。

作为牧场的经营代表，相川悟先生也是日本埼玉特奥会的马术总教练。他长期为智障人士提供体育训练，并将牧场作为竞技比赛的场所。

在这里，游客可以在如同《龙猫》中场景一样的森林里，悠闲地骑着马进行环山漫步。

从池袋站坐大约 1 小时的电车到森林公园站，出站后有接送公交。想通过大自然和骑马得到心灵治愈的人，可以去那里转转。

此外，还要感谢担任本书医学主编的田路惠美老师，以及对营养成分等进行核对的管理营养师松崎先生。

正如本书在前言中提到的那样，头发的状态能够使人生发生改变。

以本书的阅读为契机，祝愿各位读者每天的生活都能充满笑容。

辻敦哉

※ 本书中介绍的自制生发乳液、洗发水等，请勿在皮肤过敏期间使用，否则有令过敏恶化的风险。另外，在使用过程中或使用后，如果出现发红、肿胀、发痒、刺激、褪色（白斑等）、发黑等异常情况，请立即停止使用，并咨询皮肤科专家。